O CÉREBRO DO DR. McCULLOCH

Editora Appris Ltda.
1.ª Edição - Copyright© 2025 do autor
Direitos de Edição Reservados à Editora Appris Ltda.

Nenhuma parte desta obra poderá ser utilizada indevidamente, sem estar de acordo com a Lei nº 9.610/98. Se incorreções forem encontradas, serão de exclusiva responsabilidade de seus organizadores. Foi realizado o Depósito Legal na Fundação Biblioteca Nacional, de acordo com as Leis nos 10.994, de 14/12/2004, e 12.192, de 14/01/2010.

Catalogação na Fonte
Elaborado por: Josefina A. S. Guedes
Bibliotecária CRB 9/870

C649c
2025
	Câmara, Fernando Portela
	    O cérebro do Dr. McCulloch / Fernando Portela Câmara. – 1. ed. –
	Curitiba: Appris, 2025.
	    195 p. : il. ; 23 cm. – (Ensino de ciências).
	
	    Inclui bibliografias.
	    ISBN 978-65-250-7346-0
	
	    1. Redes neurais (Neurobiologia). 2. Cibernética. 3. Inteligência
	artificial. I. Título. II. Série.
	
	                                                                    CDD – 612.8

Livro de acordo com a normalização técnica da ABNT

Appris
editorial

Editora e Livraria Appris Ltda.
Av. Manoel Ribas, 2265 – Mercês
Curitiba/PR – CEP: 80810-002
Tel. (41) 3156 - 4731
www.editoraappris.com.br

Printed in Brazil
Impresso no Brasil

Fernando Portela Câmara

O CÉREBRO DO DR. McCULLOCH

Appris
editora

Curitiba, PR
2025

FICHA TÉCNICA

EDITORIAL
Augusto Coelho
Sara C. de Andrade Coelho

COMITÊ EDITORIAL
Ana El Achkar (Universo/RJ)
Andréa Barbosa Gouveia (UFPR)
Antonio Evangelista de Souza Netto (PUC-SP)
Belinda Cunha (UFPB)
Délton Winter de Carvalho (FMP)
Edson da Silva (UFVJM)
Eliete Correia dos Santos (UEPB)
Erineu Foerste (Ufes)
Fabiano Santos (UERJ-IESP)
Francinete Fernandes de Sousa (UEPB)
Francisco Carlos Duarte (PUCPR)
Francisco de Assis (Fiam-Faam-SP-Brasil)
Gláucia Figueiredo (UNIPAMPA/ UDELAR)
Jacques de Lima Ferreira (UNOESC)
Jean Carlos Gonçalves (UFPR)
José Wálter Nunes (UnB)
Junia de Vilhena (PUC-RIO)

Lucas Mesquita (UNILA)
Márcia Gonçalves (Unitau)
Maria Aparecida Barbosa (USP)
Maria Margarida de Andrade (Umack)
Marilda A. Behrens (PUCPR)
Marília Andrade Torales Campos (UFPR)
Marli Caetano
Patrícia L. Torres (PUCPR)
Paula Costa Mosca Macedo (UNIFESP)
Ramon Blanco (UNILA)
Roberta Ecleide Kelly (NEPE)
Roque Ismael da Costa Güllich (UFFS)
Sergio Gomes (UFRJ)
Tiago Gagliano Pinto Alberto (PUCPR)
Toni Reis (UP)
Valdomiro de Oliveira (UFPR)

SUPERVISORA EDITORIAL
Renata C. Lopes

PRODUÇÃO EDITORIAL
Adrielli de Almeida

REVISÃO
Bruna Fernanda Martins

DIAGRAMAÇÃO
Andrezza Libel

CAPA
Carlos Pereira

REVISÃO DE PROVA
Bianca Pechiski

COMITÊ CIENTÍFICO DA COLEÇÃO ENSINO DE CIÊNCIAS

DIREÇÃO CIENTÍFICA
Roque Ismael da Costa Güllich (UFFS)

CONSULTORES
Acácio Pagan (UFS)
Gilberto Souto Caramão (Setrem)
Ione Slongo (UFFS)
Leandro Belinaso Guimarães (Ufsc)
Lenice Heloísa de Arruda Silva (UFGD)
Lenir Basso Zanon (Unijuí)
Maria Cristina Pansera de Araújo (Unijuí)
Marsílvio Pereira (UFPB)
Neusa Maria Jhon Scheid (URI)

Noemi Boer (Unifra)
Joseana Stecca Farezim Knapp (UFGD)
Marcos Barros (UFRPE)
Sandro Rogério Vargas Ustra (UFU)
Silvia Nogueira Chaves (UFPA)
Juliana Rezende Torres (UFSCar)
Marlécio Maknamara da Silva Cunha (UFRN)
Claudia Christina Bravo e Sá Carneiro (UFC)
Marco Antonio Leandro Barzano (Uefs)

Aos meus netos, Mateus e Bruno.

A lógica cuida de si mesma; tudo que temos de fazer é sentar e observar o que ela faz.

(L. Wittgenstein)

APRESENTAÇÃO

Este livro trata de um conhecimento e um método que devolveu a mente ao seu cérebro.

No início da década de 1940, a neurofisiologia encontrou a lógica-matemática, e desse laço nasceu a ciência do controle e informação nos organismos e nas máquinas, ruiu o muro de separação entre matéria e espírito, o sintético a priori de Kant foi reposicionado na realidade empírica e máquinas alienígenas começaram a dialogar com humanos.

Uma parte dessa revolução deve-se a um trabalho singular publicado em 1943 por Warren McCulloch e Walter Pitts, "Um Cálculo Lógico das Ideias Imanentes na Atividade Nervosa" [*A Logical Calculus of the Ideas Immanent in Nervous Activity*]. Esse trabalho viabilizou a ideia de inteligência artificial (IA), decidiu as discussões sobre o problema mente-corpo e inaugurou uma visão hilozoísta sobre o que somos. Desde então a mente deixou definitivamente o reino espiritual e assumiu seu lugar na matéria nervosa.

Duas décadas antes, McCulloch formulou a ideia de representar os processos cognitivos por lógica proposicional incorporada na comunicação entre neurônios. Ele então formulou o conceito de "psicon", que seria a unidade mínima do ato mental, mas encontrou algumas dificuldades para formalizar o seu processo, em parte porque não havia ainda dados suficientes sobre propriedades fisiológicas dos neurônios – como o mecanismo da inibição e latência sináptica. Somente mais tarde ele pôde formalizar os neurônios como uma proposição com significado, ou seja, um elemento lógico que dispara ou não um sinal a partir de um limiar. McCulloch jamais buscou modelar uma aproximação biológica, tudo que ele quis foi encontrar uma equivalência lógica e não factual para a atividade nervosa superior e seu produto mais valioso, a mente.

(É importante não confundir "mente", uma imanência da trama nervosa do cérebro, com "conteúdo mental", o registro de experiências vivenciais e cultura.)

O trabalho de McCulloch e Pitts uniu a fronteira entre o vivo e o artificial. John Von Neumann, um matemático aplicado, viu nisso a possibilidade de construção de máquinas informacionais com base na analogia do cálculo lógico das redes neurais. McCulloch, um psiquiatra e neurofisiologista, apesar do seu forte embasamento em lógica-matemática, pensava de modo diferente. Ele e Pitts não se interessavam por computadores e IA, mas por cérebros, que para eles é uma classe conspícua de máquinas lógicas, diferente, mas não tanto, das novas máquinas que começavam a ser criadas. Embora McCulloch e Von Neumann tenham trabalhado juntos por um tempo, Von Neumann tinha uma orientação puramente técnica, enquanto McCulloch tinha uma visão ontológica, partilhando, com Hilbert, Russel, Wittgenstein, Woodge e Rashevsky, o credo de que natureza é governada por lógica.

Este livro está dividido em cinco partes. Na Parte I, o leitor é conduzido ao ambiente das pessoas e ideias que levaram McCulloch e Pitts a conceberem o cérebro lógico. Na Parte II, a teoria das redes neurais como redes lógicas é estudada em detalhes; questões assustadoras, como "[...] o predicado $Cmn(z)$ também pode ser realizado por redes, onde $Cmn(z)$ é verdadeiro se e somente se z é congruente com m *módulo n*", não serão aqui tratadas. Simplifiquei a matéria ao mínimo necessário sem afetar sua abrangência e sem se afastar dos princípios básicos. A Parte III é o cerne da obra, ela contém seus elementos filosóficos; e a Parte IV traz um resumo das contribuições científicas de McCulloch, de Pitts e de ambos. Por fim, a Parte V leva o leitor a concluir por si mesmo sobre as implicações da teoria lógica das redes neurais. Um epílogo fecha a obra.

O leitor não familiarizado com neurociência ou teoria computacional não terá prejuízo ao ler este livro, e se a linguagem simbólica o aborrece, uma leitura enviesada das fórmulas não afetará sua leitura. Espero que este modesto livro possa trazer algum proveito aos seus leitores.

Rio de Janeiro, agosto de 2024

O autor

LISTA DE ABREVIATURAS

IA   Inteligência(s) Artificial(is)

MP43   O trabalho *"A Logical Calculus of..."*, de McCulloch e Pitts, publicado em 1943

RNA   Redes Neurais Artificiais

SUMÁRIO

PARTE I
OS PRINCÍPIOS

INTRODUÇÃO..21

O FILÓSOFO DESGARRADO...............................25
  A crítica filosófica..27
  O espaço lógico...28
  Epílogo...29

O PROFESSOR...31
  Epílogo...33

O PORÃO...35
  A ideia...38
  Epílogo...39

A EPISTEMOLOGIA EXPERIMENTAL..................41
  A epistemologia genética de Piaget........................44
  Epílogo...45

O CÉREBRO LÓGICO..47
  Epílogo...49

A BUSCA DO LOGOS..51
  A história de uma ideia.......................................53
  Von Neumann...57
  Epílogo...60

PARTE II
AS REDES LÓGICAS

BREVE INTRODUÇÃO À LÓGICA..........................65
  Consequência lógica. Propriedade de tautologia..........67

Predicados e quantificadores 68

Consistência da lógica proposicional 69

Leis de Boole (lógica de conjuntos) 70

Lógica incorporada em neurônios. O neurônio formal 71

REDES NEURAIS FORMAIS 75

As unidades lógicas 78

Loops 81

Redes abertas e com círculos 83

Redes abertas 83

Redes com círculos 84

Redundância lógica 85

Redes de McCulloch e redes biológicas 85

Aprendizagem neural 87

Epílogo 89

A IDEIA DE CIRCULARIDADE 91

LOOPS E HETERARQUIAS 95

Epílogo 98

REDES ASSOCIATIVAS 101

Epílogo 104

O MÉTODO 107

Epílogo 111

REDES LÓGICAS E AUTÔMATOS 113

A tese psicológica de Turing-Church 115

Epílogo 116

ORGANIZAÇÃO DO COMPORTAMENTO 117

Estereótipos e comportamento 117

Seleção por associação 119

Epílogo 122

PARTE III
A FILOSOFIA DE MCCULLOCH

A CONTRIBUIÇÃO DE MCCULLOCH.....................................127

INDETERMINAÇÃO E CONHECIMENTO 133

Esboço de uma teoria do conhecimento 135

Consequências.. 138

Epílogo 139

MYSTERIUM INIQUITATIS...141

O ESTATUTO DA EPISTEMOLOGIA EXPERIMENTAL................... 149

O CAMINHO PARA O MP43: A CONTRIBUIÇÃO DE PITTS 153

Redes não circulares 154

Redes circulares.. 154

Crítica..157

Epílogo... 158

PARTE IV
EXTENSÕES

DEMAIS CONTRIBUIÇÕES 163

Como conhecemos os universais: a percepção das formas visuais e auditivas ... 163

O que o olho da rã diz ao cérebro da rã 165

Redundância de comando potencial.. 170

Computação confiável por neurônios não confiáveis...........................172

As conferências Macy...173

O CÉREBRO TEM LÓGICA?...175

A psiquiatria de McCulloch..177

PARTE V
PARA QUE SERVE UM CÉREBRO?

GORDON 181

EPÍLOGO 185

REFERÊNCIAS.. 187

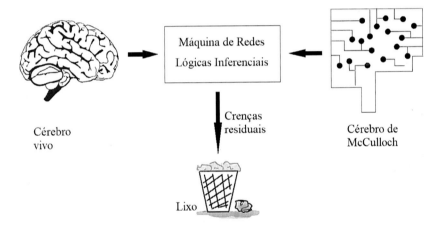

Parte I

Os princípios

A história da ciência mostra que qualquer ciência empírica começa com uma ênfase mais puramente indutiva, na qual os dados empíricos de seu objeto de estudo são sistematicamente reunidos, e então atinge a maturidade com uma teoria formulada dedutivamente na qual a lógica formal e a matemática desempenham um papel muito significativo.
(Filmer Northrop)

INTRODUÇÃO

Embora o método de raciocínio silogístico de Aristóteles seja correto, ele é muito limitado. Muitos pensadores se convenceram que a lógica formal deveria ser capaz de ir além das verdades simples do estagirita. Já no século II d.C., o médico Galeno salientou que os silogismos puros não são adequados para lidar com argumentos que envolvam relações entre pares de coisas. Outras exceções já eram também conhecidas. As propriedades dos silogismos são, de fato, muito restritas, e suspeitava-se que haveria outros métodos de raciocínio correto que o grande filósofo peripatético negligenciara.

Ao longo da história, à medida que o uso de símbolos e equações algébricas faziam a matemática avançar, começou-se a imaginar algo semelhante para a lógica, uma "álgebra da lógica" que traria novo poder e simplicidade ao raciocínio humano.

O filósofo Gottfried Leibniz (1646-1716) imaginou a criação de uma linguagem universal, que ele chamou de *characteristica universalis*, e uma ciência do raciocínio preciso, o *calculus ratiocinator*. Ele imaginou que chegaria o tempo em que dois filósofos, quando em desacordo por alguma questão, tomariam lápis de papel e diria um para o outro: "vamos calcular!". Tudo seria uma simples questão de lógica.

Para Leibniz os princípios da lógica se resumiam ao princípio da não contradição e ao princípio dos indiscerníveis, que diz que duas coisas são iguais quando todas as suas propriedades são exatamente as mesmas. Ele buscava as regras para calcular o pensamento, uma lógica completa, e, se vivesse em nosso tempo, seria um entusiasta da inteligência artificial. Ele compartilhava a antiga ideia bíblica de que o humano é uma máquina de barro dotada de um controverso livre arbítrio. Thomas Hobbes (1588-1679) deixa isso ainda mais claro na sua visão pessimista do humano:

> Quando alguém raciocina, nada mais faz do que conceber uma soma total, a partir da adição de parcelas, ou conceber um resto a partir da subtração de uma soma por outra; o que (se for feito com palavras) é conceber da consequência dos nomes de todas as partes para o nome da totalidade, ou dos nomes da totalidade e de uma parte, para o nome da outra parte. E muito embora em algumas coisas (como

> nos números), além de adicionar e subtrair, os homens nomeiem outras operações, como multiplicar e dividir, contudo, são as mesmas, pois a multiplicação nada mais é do que a adição conjunta de coisas iguais, e a divisão a subtração de uma coisa tantas vezes quantas for possível. Estas operações não são características apenas dos números, mas também de toda a espécie de coisas que podem ser somadas juntas e tiradas umas das outras, pois do mesmo modo que os aritméticos ensinam a adicionar e a subtrair com números, também os geômetras ensinam o mesmo com linhas, figuras, ângulos, proporções, tempos, graus de velocidade, força, poder, e outras coisas semelhantes. Os lógicos ensinam o mesmo com consequências de palavras, somando juntos dois nomes para fazer uma afirmação, e duas afirmações para fazer um silogismo, e muitos silogismos para fazer uma demonstração; e da soma, ou conclusão de um silogismo, subtraem uma proposição para encontrar a outra. Os escritores de política adicionam em conjunto pactos para descobrir os deveres dos homens, e os juristas, leis e fatos para descobrir o que é certo e errado nas ações dos homens privados. Em suma, seja em que matéria for que houver lugar para a adição e para a subtração, há também lugar para a razão, e onde aquelas não tiverem o seu lugar, também a razão nada tem a fazer (Thomas Hobbes, *Leviatã* [1651], 2004).

Em 1854, George Boole continuou o projeto de Leibniz no seu clássico trabalho sobre "As Leis do Pensamento", em que reformulou matematicamente a lógica aristotélica como um processo mecânico semelhante ao cálculo algébrico. Um século depois seu trabalho formulou as bases para máquinas imitarem o pensamento humano. Passado o entusiasmo, Boole percebeu que suas leis do pensamento eram aplicáveis somente àquelas atividades em que se exerce um pensamento exclusivamente mecânico, como, por exemplo, o de um carteiro no exercício do seu ofício.

A partir daí a lógica tornou-se uma disciplina matemática e o esforço de Boole continuou avançando com Gottlob Frege (1879), Giuseppe Peano (1894), Bertrand Russell (1910, com Alfred Whitehead), David Hilbert (1926), Kurt Gödel (1931) e Alan Turing (1936), e as consequências dessa evolução foram a ciência da cibernética e seus sucedâneos: a ciência da computação, a informática, a inteligência artificial, a robótica, a ciência cognitiva, todas organizadas em torno da ideia de que o cérebro é uma máquina lógica.

Não foi preciso justificar que sistemas nervosos são tipos mal compreendidos de máquinas logicas. A Cibernética, aliás, foi fundada com base nessa perspectiva revolucionária. A possibilidade de máquinas que aprendem e decidem foi diretamente inspirada dos estudos sobre cérebros, comportamento e cognição. Não por acaso os matemáticos e engenheiros que participaram da criação da ciência da computação, computadores digitais e a famigerada inteligência artificial estudavam neurofisiologia junto aos fisiologistas e aos psiquiatras que participavam das mesmas equipes e simpósios.

A história da lógica pode ser dividida em três períodos: a lógica formal clássica ou aristotélica, que perdurou por cerca de dois mil anos; o período simbólico ou algébrico, iniciado com Boole, que se expandiu entre 1854 e 1930; e o período metamatemático ou moderno, que começou com Gödel e Turing até o presente. Agora a lógica está se movendo para uma estranha quarta era.

A publicação da monumental obra de Alfred Whitehead e Bertrand Russell, *Principia Mathematica* (1910-1913), consolidou a lógica-matemática, que, junto aos sistemas formais de David Hilbert, acreditava-se ser o fundamento da matemática e, por extensão, das regras de construção do universo. Toda proposição matemática podia ser expressa na teoria dos conjuntos e esta na lógica de predicados. Ludwig Wittgenstein, que fora discípulo de Russell, expandiu essa lógica para o mundo empírico, cujos fatos para ele são proposições simples, redutíveis a uma forma lógica.

Havia então informação suficiente na nova lógica matemática que polinizaria a mente do jovem Turing, que conceberia um novo ser no mundo, uma máquina lógica que criaria toda a matemática e seus teoremas. Sua teoria levou à ciência da computação e abriu caminho para uma nova espécie de máquinas até então jamais pensadas e que ganhou existência real entre nós: computadores digitais "inteligentes".

Na sequência da *cross-polinization* de mentes que começava a se espalhar pelos institutos e laboratórios, o psiquiatra e neurofisiologista Warren McCulloch e seu doutorando, o biofísico matemático Walter Pitts, trouxeram a lógica do *Principia* para a trama neuronal. Eles foram o epicentro do movimento cibernético que surgiu no início da década de 1940 e copiou sua teoria lógica da atividade nervosa. Eles, porém, não se preocupavam com computadores ou IA, mas nos resultados úteis que isso poderia trazer para validar suas observações empíricas e experimentais sobre a atividade nervosa superior. Eles não eram técnicos, mas cientistas com pendores filosófico, e o objetivo que os movia era o de inserir o conhecimento do cérebro cognitivo em uma epistemologia experimental.

O FILÓSOFO DESGARRADO

Ainda que o autor do *Tractatus Logico-philosophicus*, Ludwig Wittgenstein (1889-1951), o tenha considerado ultrapassado, permanece ainda como sua obra-prima e a principal referência do positivismo lógico. No prefácio, ele afirma sua intenção de fundar um positivismo radical ao dizer que pretende traçar um limite para o pensamento, mas para isso precisaria conhecer os dois lados desse limite, um dos quais não é pensável, portanto, inacessível à linguagem. O limite deve excluir, portanto, tudo que está fora da linguagem, isto é, o que não tem sentido (Wittgenstein, 1994).

Wittgenstein escreveu suas conclusões lógico-filosóficas na forma de proposições, em um momento em que estava em contato com toda a crueldade sangrenta e sem sentido da I Guerra Mundial. Ele serviu na frente de batalha e recebeu condecorações por bravura. Em meio a bombas, balas e gases tóxicos, Wittgenstein estava em uma espécie de êxtase; escrevia compulsivamente, ao lado de sua arma e em meio a gritos e explosões, um evangelho lógico. Após a guerra, essa iluminação foi pouco a pouco desvanecendo; o Logos que tomara posse de sua mente era agora um eco distante, a razão prática voltou a prevalecer, e então ele escreveu seu segundo livro, *Investigações Filosóficas*, e contestou o primeiro (Wittgenstein, 2001).

O *Tractatus* não pretende traçar um limite para o que é verdadeiro ou não; mas encontrar o sentido daquilo que é possível expressar na linguagem. Em outras palavras, devemos fazer ciência para conhecer o mundo, o qual são coleções de fatos, e os fatos só podem ser expressos na linguagem. Por "mundo", Wittgenstein entende o mundo empírico, o mundo dos fatos e do possível. Tudo que está fora do mundo, dos fatos, deve ser rejeitado, "proposições sem sentido"; a lógica não pertence mais ao mundo especulativo, ela passou a ser parte do mundo empírico – e mais tarde se encarnaria como máquina. "Sobre o que não pode ser dito, devemos passar em silêncio". Precisamos então definir o que é *proposição com sentido*, como reconhecê-la. A definição de proposição, portanto, parte do princípio de que o pensamento é formulado com base em proposições, e isso reflete o mundo em que vivemos. O *Tractatus* começa definindo o que é mundo (proposição 1) e, em seguida, o que é pensamento (proposição 3).

Wittgenstein reconhece um paralelismo real entre a estrutura do mundo físico – melhor dizendo, o mundo empírico – e a linguagem. A linguagem é formada de proposições – sentenças declarativas – que podem ser decompostas em nomes e verbos, e as sentenças se ligam por conectivos do tipo *e, se, ou* etc. Cada elemento da proposição tem um sentido quando se refere a fatos possíveis, por exemplo, "o metal aquecido se dilata", significa que se eu aqueço um metal em decorrência disso ele irá se dilatar; há uma relação real entre aquecer e dilatar. Esse enunciado é uma proposição, pois assume dois valores reais; é verdade que o metal se dilata quando aquecido, e é falso que ele se contrai nessa condição. A sentença pode então ser formulada em uma expressão simbólica, a → b. Os fatos simples estabelecem relações entre objetos representados por nomes. Temos então a sequência: nome/objeto → proposições elementares/fatos simples → proposições complexas/fatos complexos. O mundo, portanto, reflete-se na linguagem como um conjunto de fatos simples, daí a famosa proposição "o mundo é o conjunto do que efetivamente acontece, o conjunto das circunstâncias, o conjunto dos fatos reais". O espaço real no qual os fatos ocorrem corresponde ao espaço lógico no qual estão as proposições. "A imagem lógica dos fatos é o pensamento" (proposição 3); "o pensamento não é nada mais que proposição com sentido" (proposição 4); "a totalidade das proposições constitui a linguagem" (proposição 4.001). A proposição com sentido, portanto, deve ser a imagem lógica dos fatos, o pensamento, e este é comunicável, e toda a informação tem a mesma estrutura lógica – isso inclui a música, os números, signos etc. Pensamento é código.

Wittgenstein redefine proposição como expressão com sentido, referente ao real ou ao possível. Essa noção é fundamental no positivismo lógico; não se busca estabelecer se algo é verdadeiro, mas se é *empiricamente verificável*. É perfeitamente possível assumir que existe água na Lua, pois isso pode ser verificado mais cedo ou mais tarde; mas é certo que nem lá, nem aqui, há alguma possibilidade de encontrarmos unicórnios. A existência de unicórnios não é *naturalmente* verificável (embora possamos criar artificialmente unicórnios por engenharia genética).

O positivismo lógico nos direciona para uma linguagem científica; propõe uma formulação precisa (*teorias efetivas*) das ciências da natureza. Com a formalização do conceito de computação por Turing (1936), a lógica experimentou uma grande mudança após vagar pela filosofia por mais de dois milênios. Sobre isso Norbert Wiener, em sua obra *Cibernética* (Wiener, 1948), apontou o lugar da lógica moderna:

> A ciência de hoje é operacional; isto é, considera cada proposição como relacionada essencialmente com um possível experimento ou processo observável. Em consequência, hoje toda lógica deve reduzir-se ao estudo da máquina, seja nervosa ou mecânica, com todas as suas limitações e imperfeições irremovíveis (p. 163).

E acrescenta:

> Embora a psicologia tenha muita coisa estranha à lógica, qualquer lógica com significado para nós não pode conter nada que a mente humana, portanto o sistema nervoso humano, seja incapaz de abranger. Toda a lógica é limitada pelas limitações da mente humana quando empenhada na atividade conhecida como pensamento lógico (Wiener, 1948, p. 163).

Wiener referia-se ao trabalho de McCulloch e Pitts, a versão neural da máquina de Turing.

A crítica filosófica

Wittgenstein denuncia a filosofia como cheia de vícios e a considera como "uma doença da linguagem"; muitas das questões e proposições filosóficas são contrassensos. Isso significa que o manejo do simbolismo lógico precisa ser reformulado, e para isso nada melhor que o emprego da regra de Ockham: "um signo do qual não se tem necessidade é um signo que não tem significado na proposição; este é o significado da navalha de Ockham" (*Tractatus*, proposição 3.328; cf. 5.47321). O supérfluo leva à confusão e à distração, por isso é necessário rigor; uma forma lógica deve refletir puramente os fatos. Um exemplo é o uso do sinal de igualdade para especificar somente o que é idêntico a si mesmo, e outro para indicar equivalência. Assim, por exemplo, a forma corrente $y = ax + b$ não é precisa, pois y só pode ser igual a ele mesmo, $y = y$, portanto deve ser escrito $y \equiv ax + b$. O símbolo de igualdade não é essencial à lógica, em seu lugar usam-se símbolos para equivalência e a implicação material. Quando se trata de um objeto, este deve ser designado por uma variável x, que toma um valor em relação a algo; x é indeterminado, não é definido nele mesmo, mas em relação a algo.

A proposição reflete a realidade porque captura a forma lógica desta, a proposição é expressa na linguagem. A forma lógica é o sentido que a linguagem expressa, mas não está nesta, só podemos dizer que a proposição é uma *figuração* da forma lógica.

Os seres humanos têm as mesmas experiências internas, mas ele só pode exprimir o que sente por meio da linguagem, que é uma expressão do seu pensamento. O pensamento se expressa como proposições com sentido (fora disso não há pensamento). Não sabemos como surge o pensamento, ou a linguagem, mas procuramos dar sentido às coisas por meio desta, e é ela que constrói a realidade. Portanto, a realidade é tudo que se expressa em proposições com sentido, e só é possível pensar positivamente (cientificamente) no que é empiricamente verificável. Fora disso, nada podemos dizer, não se pode expressar o inexprimível. Toda formulação na filosofia precisa ser revisada. Para Wittgenstein, essa é a "cura" da filosofia.

Por outo lado, o que não é exprimível não significa que esteja fora da experiência (o privado). O místico não pode ser compartilhado, pois não é comunicável, é uma experiência privada, portanto não é científico, mas não se pode negar que seja uma experiência real, embora inteiramente subjetiva. A lógica não pertence ao inexprimível, ela deve ser verificável.

O espaço lógico

Já vimos que Leibniz imaginou que se tivéssemos uma linguagem precisa e as corretas leis do pensamento seria possível ir além das verdades autoevidentes e conhecer todas as verdades possíveis. Se bem que isso estimulou o desenvolvimento da lógica matemática, na sociedade moderna as pessoas não pensam mais binariamente. Rejeita-se atualmente o autoritarismo centralizado – igreja, estado, tribunais, ciência tradicional, cânones de beleza etc. As opiniões mudam conforme o mundo evolui em sua complexidade; dogmas não mais prevalecem, os conceitos se relativizam. Entretanto, a lógica bivalente, apesar de controversa, é consistente e permanece sólida na linguagem objetiva.

A opinião de Wittgenstein de que o mundo é uma coleção de sentenças simples do tipo verdadeiro/falso é conhecida como "atomismo lógico". Ele nos dá uma elegante representação no *Tractatus*:

> 1. O mundo é tudo que é o caso.
> 1.1. O mundo é a totalidade de fatos, não de coisas.
> 1.11. O mundo é determinado pelos fatos, e por serem todos os fatos.
> 1.12. A totalidade dos fatos determina o que é o caso, e tudo que não é o caso.

1.13. Os fatos no espaço lógico são o mundo.
1.2. O mundo divide-se em fatos.
1.21. Cada item pode ser o caso ou não ser o caso, enquanto todos os outros permanecem o mesmo.

Epílogo

Enfim, o mundo não é feito de objetos, mas de fatos, exprimíveis por proposições com sentido, e o conjunto destas é o mundo que, a rigor, é um *espaço lógico*. Podemos imaginar o mundo como uma imagem na tela de um computador, em que os pixels claros são proposições simples "verdadeiras" e os pixels escuros as proposições "falsas". O atomismo lógico considera que há um nível profundo em que a realidade se resolve no conjunto de fatos precisos. Wittgenstein não deu exemplos do que ele pensava ao formular suas proposições, mas provavelmente estava se referindo a uma estrutura matemática.

McCulloch materializaria que redes de neurônios são fatos, o cérebro um espaço lógico e a mente uma imanência desse espaço.

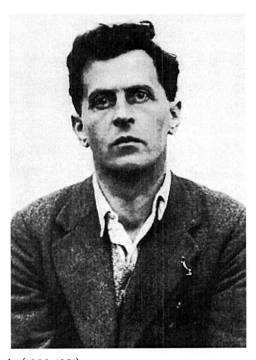

Ludwig Wittgenstein (1889-1951)

O PROFESSOR

Quando a física ultrapassou sua fase descritiva, ela incorporou a matemática como método de investigação das relações entre as coisas, a linguagem da natureza transformou-se em uma linguagem analítica. Ela não somente conseguiu atingir um nível mais profundo de conhecimento como também a capacidade de antecipar descobertas. O pósitron, por exemplo, foi previsto antes de sua descoberta. Esse avanço da física tornou-a uma "ciência exata" e estimulou o desenvolvimento de outras ciências. No campo das biociências, a introdução desse modo de pensar levou à disciplina da biofísica matemática, desenvolvida e organizada pelo ucraniano atualizado americano Nicholas Rashevsky (1899-1972). Hoje ela é chamada de "biologia matemática", um termo inadequado, pois não existem estruturas abstratas em biologia; de fato, Rashevski enfatizava que a aplicação da matemática na biologia não deve se distanciar dos fatos empíricos, e sempre que possível deve se apoiar em resultados experimentais.

A origem dessa forma de pensar os viventes começou com o clássico trabalho de d'Arcy Thompson, *On Growth and Form*, publicado em 1917, que mostrou que a forma dos organismos não é determinada pelos genes nem por alguma força mística, mas pela ação de forças físicas que impõe restrições ao fluxo de material produzido durante o desenvolvimento biológico (Thompson, 1945). Ou seja, por um processo "epigenético". Ele mostrou que o crescimento e a forma podem ser descritos dentro de leis físico-matemáticas bem conhecidas e pela topologia. Seu livro foi considerado tão importante quanto *A Origem das Espécies,* de Darwin, e influenciou uma geração de cientistas que começou a se interessar pela matemática na biologia. Isso culminou com a criação da disciplina de biofísica matemática por Nicholas Rashevsky (1899-1972), na Universidade de Chicago, como um corpo teórico constituído de novos conceitos, ideias e métodos. Ele resumiu a disciplina nos dois volumes do seu livro *Mathematical Biophysics – Physico-Mathematical Foundations of Biology* (Rashevsky, 1960), que considero um dos grandes marcos do pensamento científico moderno, junto às obras de Darwin e Boole.

Dois conceitos fundamentais caracterizam o trabalho de Rashevsky: a biotopologia e a biologia relacional, que mostram que muitos fenômenos ligados à natureza viva decorrem de relação entre partes e não das propriedades de cada parte. Nesse ponto, a biofísica matemática aproxima-se do pensamento cibernético, que, aliás, ajudou a fundar.

Rashevski tinha como base a observação do mapeamento entre organismos e comunidades. Nas suas palavras:

> Muitos elementos dos animais e especialmente sociedades humanas mostram relações semelhantes. Isto leva com frequência a considerações de sociedades como uma forma de organismo; assim como as numerosas funções biológicas de uma simples célula eventualmente se especializam e se repartem entre as muitas células de um metazoário. E da mesma forma, as diferentes funções especializadas de um ser humano repartem-se entre os muitos indivíduos em uma sociedade. Essa correspondência é o fator essencial do mundo orgânico e constitui a unidade do mundo vivo. Uma simples função fisiológica de um protozoário corresponde a um conjunto de funções fisiológicas semelhantes em um animal superior. Os fenômenos variados e complexos envolvidos no ato da visão de um homem corresponde à sensibilidade protoplasmática à luz de um protozoário; o grande número de movimentos musculares complexos da locomoção humana corresponde a um movimento simples dos protozoários. Da mesma forma, a relação entre um simples processo de sensibilidade luminosa em um protozoário que reage com um movimento evitativo, e a relação entre a visão de um tigre e o consequente movimento de fuga de um homem são basicamente os mesmos. Todos os organismos podem ser mapeados em outro de tal maneira que certas relações básicas são preservadas nesse mapeamento; várias propriedades detalhadas de um organismo superior são em geral mapeadas em menor número ou em uma só propriedade em um organismo inferior (Rashevski, 1960, p. 310).

(Percebe-se nessas palavras a influência do "apriorismo fisiológico", uma doutrina científica que se opunha ao apriorismo kantiano, que voltaremos a falar mais adiante.)

O estudo das redes neurais mostrou que se trata de um caso entre numerosos outros fenômenos coletivos que se comportam e podem ser escritos como *redes lógicas*: formigueiros, cupinzeiros, colmeias, organismos, sistemas nervosos, ecossistemas, sociedades, o conjunto do universo etc. Nas palavras de Rashevski, todos esses conjuntos dinâmicos mapeiam em uma rede lógica. Ele foi o primeiro a propor um modelo matemático para redes neurais, na década de 1930.

Esse princípio orientou a então nascente teoria cibernética de que é possível transferir o conhecimento que temos de um sistema para outro se tivermos um isomorfismo entre eles (ou um homomorfismo, no caso de uma relação essencial). O lógico J. H. Woodger também desenvolveu métodos relacionais para lidar com tais situações (Woodger, 1937), mas eles são muito complicados, enquanto o mapeamento de Rashevski é mais simples e por isso o preferimos.

Rashevsky foi uma figura central no desenvolvimento e promoção da aplicação da matemática na biologia como uma linguagem precisa para definir princípios e encontrar relações ignoradas. Ele também foi pioneiro no uso da matemática no estudo de redes neurais e na integração da biologia com a matemática e a sociologia. Todos os que trabalharam sob orientação de Rashevsky aprenderam a relacionar a matemática a fatos empíricos e a disciplinar o raciocínio lógico na interpretação de resultados e formulação de teorias. Na sua passagem pelo departamento de biofísica de Rashevsky (Universidade de Chicago), Warren McCulloch conheceu o jovem Walter Pitts, então com 17 anos, que era orientado por Householder, assistente de Rashevsky, integrando o trabalho sobre modelagem matemática de redes neurais para formular uma "teoria matemática de aprendizagem", usando equações diferenciais. Quando Pitts tomou conhecimento das ideias revolucionárias de McCulloch sobre aplicação da lógica proposicional na investigação da fisiologia da percepção, ele ficou tão entusiasmado que decidiu trabalhar no projeto de McCulloch. Pitts era considerado por todos um gênio da matemática.

O projeto de Rashevsky em biofísica matemática e seus projetos sobre redes neurais e atividade nervosa forneceram um importante espaço intelectual para as ideias de McCulloch e Pitts sobre a estrutura lógica das redes neurais, cujo impacto influenciou o design dos computadores digitais, a teoria dos autômatos, o desenvolvimento da psicologia cognitiva e da inteligência artificial. Com sua busca por questões que eram ao mesmo tempo filosóficas e fisiológicas, McCulloch e Pitts trabalharam dentro de uma comunidade de fisiologistas, matemáticos, psiquiatras, psicólogos e demais cientistas de orientação teórica. O Comitê de Biofísica Matemática liderado por Rashevski financiou e estimulou boa parte desses estudos.

Epílogo

Embora o conceito de "biofísica matemática" de Rashevsky envolvesse equações diferenciais, em vez da lógica matemática, ele insistia no valor de uma abordagem matemática para sistemas biológicos, particularmente, o sistema nervoso. Essa orientação ele manteve ao criar o "Bulletin for Mathematical Biophysics", e com isso proporcionou espaço para a colaboração entre McCulloch e Pitts. Como McCulloch mais tarde declarou, a publicação de seu artigo com Pitts se deu "graças à defesa de Rashevsky das ideias lógicas e matemáticas na biologia" (McCulloch, 1965). Além de ser um evento formativo na história da cibernética, da ciência computacional e da psicologia cognitiva, a colaboração McCulloch e Pitts foi um resultado importante nos esforços iniciados no início do século XX para melhor compreender a atividade nervosa superior.

Nicholas Rashevsky (1899-1972)

O PORÃO

Boa parte da ciência não foi desenvolvida em laboratórios superequipados com dezenas de doutorandos e pós-doutorandos trabalhando em consórcio com outros laboratórios. Muito da contribuição científica emergiu de mentes privilegiadas que tinham no conhecimento sua fonte de curiosidade e prazer. Não foi diferente com Warren Sturgis McCulloch (1898-1969). Seus trabalhos sobre o apriorismo (neuro)fisiológico foram realizados em uma sala, na verdade um grande porão no MIT, com uma porta e sem janelas. Não era um laboratório, mas um gabinete.

> Havia quatro escrivaninhas juntas no centro da sala, arquivos e estantes cheia de livros cobriam todas as paredes, exceto um pequeno espaço onde havia um pedestal no qual se ficava de pé para rabiscar em um quadro-negro de um metro quadrado. Pessoas de todo o mundo vieram a esta sala para subir ali e esboçar suas ideias naquele minúsculo quadro-negro. Os membros do grupo de McCulloch que estivessem ali presentes, sentavam-se em torno das mesas para comentar e fazer perguntas. Aquele foi um tempo extraordinário, quando muita ciência foi compartilhada, aprendida e criada (Arbib, 2000).

McCulloch tinha um sonho ainda mais ambicioso que os de Leibniz e Boole: trazer o motor do raciocínio para o mundo empírico como uma imanência da atividade neural. George Boole, em meados do século XX, tentou formalizar as leis do pensamento em lógica simbólica, em continuação ao projeto iniciado por Gottfired Leibniz no início do século XVIII. Em meados do século passado, McCulloch procurou trazer essa lógica para a trama neuronal do cérebro, incorporando dados experimentais da neurofisiologia. Ele era um psiquiatra com uma pós-graduação em matemática (lógica).

De 1930 a 1941 ele tornou-se professor de psiquiatria na Universidade de Illinois, Chicago, e fazia pesquisa em neurofisiologia na Universidade de Yale, no laboratório do também psiquiatra Dusser de Barenne (McCulloch, 1940), que o influenciaria em todos os seus trabalhos posteriores. Dusser de Barenne era conhecido por suas ideias sobre o "fisiológico a priori"; para ele toda atividade mental se iniciava nas estruturas cerebrais que processavam dados sensoriais, contrapondo-se ao apriorismo metafísico de Kant.

De Barenne assimilou essa doutrina do seu mentor, Rudolf Magnus (Magnus, 1930). McCulloch preferia chamar essa doutrina de "epistemologia experimental", um campo científico-filosófico que ele abraçaria por toda sua vida. A maioria de suas publicações desse período é em colaboração com Dusser de Barenne (Mcculloch, 1940; Dusser De Barenne; Mcculloch, 1937, 1938a, 1938b, 1938c, 1938d, 1938e, 1939; Dusser De Barenne *et al.*, 1938d, 1938e), concentrando-se no estudo experimental das relações entre o disparo de neurônios corticais em áreas sensório-motoras do córtex, na organização funcional do cérebro e nas inter-relações dentre os hemisférios corticais. Em Yale, McCulloch também participava ativamente das reuniões dos Seminários do Grupo Científico de Yale, onde se discutia teorias e métodos da física e lógica matemática. Ele procurava atualizar-se nas ideias efervescentes que dominavam a matemática e a física da época, pois continuava a perseguir seu antigo projeto de formulação da atividade de grupos de neurônios na lógica proposicional simbólica (Moreno-Díaz; Moreno-Díaz, 2007; v. tb. Moreno Díaz; Mcculloch, 1969; Moreno-Díaz; Mira-Mira, 1995).

McCulloch diz que concebeu esse projeto na década de 1920, época em que ainda não se havia descoberto as propriedades essenciais do neurônio que justificasse um modelo, mas ele percebera que a atividade de um neurônio poderia ser claramente descrita em uma proposição lógica, cujo valor binário, "verdadeiro" ou "falso", equivalem ao "disparo" ou "não disparo" ("lei do tudo-ou-nada") do neurônio. McCulloch então formulou o conceito de *psychon*, a atividade psíquica mínima representada em uma proposição (ato neuronal) simples.

Em 1943, junto a Pitts, McCulloch publicou o famoso trabalho em que apresenta a organização funcional do sistema nervoso na lógica proposicional simbólica (McCulloch; Pitts, 1943). Para cada função lógica existe um circuito de neurônios que é uma incorporação da "conjunção", "disjunção" e "negação" da lógica proposicional, às quais eles adicionaram a "precessão" e o "módulo de Pitts", usando a notação de Carnap (McCulloch; Pitts, 1943). Esse trabalho é independente do trabalho que Claude Shannon publicara em 1938, que usou a álgebra de Boole nos circuitos de comutação elétrica automática, codificando nos valores 1 ou 0 o disparo ou não disparo de um sinal elétrico (Shannon, 1938). Shannon não notou a semelhança com a atividade neuronal, não era a sua área, e McCulloch não conhecia o trabalho de Shannon.

Como sujeito histórico, Walter Pitts (1923-1969) apresenta dificuldades significativas, pois não deixou rastros no papel; na verdade, no final dos anos 1950, ele destruiu grande parte de seu trabalho, após uma profunda decepção com seu orientador de doutorado, Norbert Wiener, após uma diatribe inexplicável entre este e McCulloch. Ele era um adolescente fugitivo de casa que foi para Chicago, onde conheceu Carnap e estudou lógica com ele; depois foi para o laboratório de Rashevsky, onde seus notáveis conhecimentos matemáticos o fizeram ser admitido como estudante-pesquisador. Pitts morava precariamente com outro estagiário de Rashevsky, Jerome Lettvin, mas ao conhecerem McCulloch, ambos foram viver em sua casa, junto à família deste (a casa de McCulloch era aberta a alguns de seus estudantes e amigos moraram lá por um tempo). A dupla colaborou em vários trabalhos importantes com McCulloch. Nessa época, Pitts tinha 17 anos. A personalidade retraída de Pitts impedia qualquer pessoa de conhecê-lo, situação que piorou com o tempo (vários psiquiatras participantes das conferências Macy achavam que seu comportamento bizarro o caracterizava como "pré-psicótico"). Há insinuações de que ele cometeu suicídio (ver Heims 1991, caps. 3 e 6), mas o atestado de óbito acusa hemorragias internas maciças devido a uma cirrose grave causada pelo álcool. Ele morreu em 1969, no mesmo ano em que também morreu McCulloch. Um roteiro biográfico de Pitts foi publicado por Smalheiser (Smalheiser, 2000).

Warren Sturgis McCulloch (1898-1969)

A ideia

Após uma leitura do *Principia Mathematica*, McCulloch pensou que se a definição de um número pode ser reduzida a uma proposição lógica, como afirmou Russell, por que não representar a atividade de um neurônio em uma proposição lógica?

McCulloch e Pitts eram leitores de Leibniz, e concordavam em princípio que tudo que pode ser definido em um número finito de palavras pode ser reduzido a proposições lógicas. Esse pensamento levou-os a representar processos neurofisiológicos experimentalmente definidos na forma de proposições lógicas precisas representadas na forma de circuitos de neurônios. Esses circuitos são chamados corretamente de "redes lógicas" e não são a mesma coisa das redes neurais biológicas, mas uma *equivalência lógica* destas. McCulloch não estava preocupado em modelar neurônios biológicos, demasiado complexos, mas – e ele enfatiza isso – em explorar a atividade nervosa por seus fundamentos lógicos. Suas redes neurais são expressas em uma metalinguagem, e como segue o princípio dos indiscerníveis de Leibniz, essa lógica não é somente "neural", sua forma se estende a qualquer sistema, vivo ou não, que se organize como uma rede funcional. *Logik für alle!*

McCulloch então axiomatizou sua ideia:

1. a atividade nervosa pode ser descrita na lógica proposicional;

2. a atividade de um neurônio formal é booleana: dispara ou não dispara, tudo-ou-nada, 1 ou 0;

3. o disparo só acontece se o estímulo for igual ou maior que um valor limiar;

4. desse modo, om "neurônio lógico" é propriamente uma "unidade de disparo com um limiar" ou, abreviadamente, "unidade limiar";

5. o disparo decorre da quantidade de estímulos sobre um neurônio e se a soma desses ultrapassa o limiar de disparo desse neurônio;

6. desse modo, o neurônio combina aritmética com lógica binária;

7. a comunicação de um disparo pode ser descrita como uma proposição que representa a conexão ou sinapse entre dois neurônios sucessivos;

8. uma determinada função nervosa é realizada por uma rede ou circuito de neurônios, representada em uma rede de proposições, uma "rede lógica" de unidades limiares combinada com a aritmética das entradas;

9. essa rede lógica pode ser representada em um diagrama ou grafo, que assume a forma de uma rede de conexões, que mostra a direção do sinal ou percurso do disparo;

10. a rede lógica é a *forma lógica* da atividade nervosa, a representação de uma função nervosa;

11. uma rede lógica pode ser reproduzida em hardware ou software, é um autômato finito. Isso valida o modelo e a teoria;

12. na ciência atual cada proposição deve estar essencialmente relacionada com possíveis experimentos ou processos observáveis, "*o estudo da lógica deve reduzir-se ao estudo da máquina lógica, seja ela nervosa ou mecânica, com todas as suas limitações e imperfeições.*" (Wiener, 1970, p. 163).

Epílogo

O pensamento epistêmico de McCulloch estava alinhado com o que Ludwig Wittgenstein manifestara em seu *Tractatus Logico-philosophicus*, muito influente na intelectualidade científico-acadêmica da época: uma proposição só tem sentido se descreve fatos possíveis no mundo empírico. A lógica tornara-se um instrumento de investigação científica.

> ...hoje toda lógica deve reduzir-se ao estudo da máquina, seja nervosa ou mecânica, com todas as suas limitações e imperfeições irremovíveis (Wiener, 1970, p. 163).

McCulloch em sua sala no MIT com colaboradores

A EPISTEMOLOGIA EXPERIMENTAL

McCulloch e muitos outros cientistas que impulsionaram a ciência moderna vinham de uma cultura que privilegiava o conhecimento pelo conhecimento. As ideias em primeiro lugar, o laboratório depois. Não estavam obrigados a fazer parte da bolha *publish or perish* da cultura universitária contemporânea; sempre havia algum fundo disponível para eles. Com o esforço da II Guerra Mundial o panorama começou a mudar. A pressão por trabalhos experimentais e publicações tornou-se um imperativo para receber fundos para pesquisa – o ambiente acadêmico tornou-se comprometido com programas de desenvolvimento de tecnologias e políticas dos governos. A investigação teórica ficou em segundo plano, pouco valorizada academicamente. Os que optam pela produção experimental entram numa longa fila de competição por fundos e publicações – quem publica mais, quem ganha patentes, quem lidera grupos internacionais de pesquisa, tem maiores chances de captar fundos e bolsas. Muitos desistem e os que ficam sofrem a irremediável angústia das rejeições dos *peer reviews*. Mais tarde, a maioria dessas publicações cai no esquecimento. Muito volume de dinheiro é gasto em pesquisas, na maioria irrelevantes (exceto para os egos).

Para McCulloch, a necessidade de experimentos só era justificável se uma teoria era suficientemente relevante para ser testada. Ele sempre se preocupou, desde o início de sua carreira, do compromisso da ciência com a filosofia e a epistemologia. Ele se dedicou à "epistemologia experimental" para responder às perguntas "como um cérebro conhece as coisas e orienta o organismo em seu meio? O que é uma mente?". Seu trabalho "Um Cálculo Lógico Imanente na Atividade Nervosa" foi o primeiro passo para isso.

No Rockland State Hospital, onde se especializou em psiquiatria, conheceu Eilhard von Domarus, com quem aprendeu a pensar sobre loucura, linguagem e consciência. Von Domarus aplicava a lógica formal ao discurso dos doentes mentais para entender os "mecanismos" dos transtornos (v. p. ex., Williams, 1964; Coyle; Bernard, 1965), e dessa experiência McCulloch concluiu que qualquer um que desejasse estudar o cérebro deveria trabalhar com os insanos para entender os limites da mente, seus princípios lógicos e entender como a mente funciona (como psiquiatra, só posso concordar *ipsis literis* com ele). Isso o estimulou a estudar a lógica do *"Principia Mathematica"* de Whitehead e Russell (Stanford Encyclopedia Of Philosophy, 2021, 2022). Essa obra monumental procurava mostrar que o conceito de número pode ser reduzido à teoria dos conjuntos e essa teoria dos conjuntos pode ser reduzida à lógica. A questão que intrigava McCulloch era que se temos no *Principia Mathematica* uma tentativa de reduzir toda a complexa conceituação de números a proposições lógicas, poderíamos fazer algo semelhante com a complexa rede de neurônios do cérebro?

A ideia de que o cérebro é algum tipo de máquina lógica consolidou-se após a leitura do trabalho de Turing sobre números computáveis (Turing, 1936). Ele deixa isso explícito no MP43. Nesse trabalho ele consolida também o método da epistemologia experimental. Entendemos por epistemologia a validação de um conceito; no mundo empírico isso corresponde a validar uma teoria científica. McCulloch adota a orientação do *Principia* de que, para isso, deve-se adotar uma linguagem precisa que não deixe dúvidas ou ambiguidades sobre os fatos empíricos. Assim, a epistemologia experimental consiste em validar uma teoria por meio de uma linguagem precisa – a lógica – baseada em proposições fundamentada em fatos empíricos. Um neurônio que dispara, cujo comportamento é disparar ou não disparar um sinal, equivale na linguagem da lógica proposicional a uma proposição simples de dois valores possíveis.

Entre os filósofos que o influenciaram estavam Kant, Leibniz e Descartes. Ele se inspirou neste último em algumas ideias sobre o funcionamento nervoso, e inclusive observou que a noção de regulação feedback já estava presente nos escritos de Descartes sobre fisiologia. Ele também descartou a noção kantiana do *sintético a priori*, seguindo as ideias de seus mentores Rudolf Magnus e De Barenne. Dito de um modo muito simplificado, o fato de entendermos o mundo em termos de espaço euclidiano era, de acordo com Kant, porque esse conhecimento existe necessariamente *a priori* no entendimento, em vez de ser algo adquirido por via da experiência. Algo em nós elabora o produto de nossa experiência sensível em conhecimento conceitual, mas não a coisa em si. Embora não faça uma distinção clara, Kant distinguiu o *analítico a priori* (conhecimento obtido por dedução) do *sintético a priori* (o conhecimento a priori, como, por exemplo, as verdades da geometria euclidiana). McCulloch questiona esse apriorismo metafísico:

> [...] mesmo equipado com esse sintético a priori, como conectamos nossa experiência sensorial [percepção do mundo] cotidiana a esse sintético [interpretação do mundo]? Como a percepção sensorial transforma-se em conhecimento e noção de espaço e tempo? (McCulloch, 1974).

McCulloch não admite um apriorismo metafísico, mas um "apriorismo fisiológico", que nasce da estrutura nervosa do sujeito. A influência de Magnus e De Barenne é evidente, mas falta o ingrediente principal: a linguagem.

A tese kantiana remete ao pensamento de Leibniz. No parágrafo 17 da *Monadologia* – talvez o mais interessante para os que estudam inteligência artificial – ele escreve sobre percepção e pede ao leitor que imagine o que aconteceria se ele ampliasse o interior da cabeça até ficar tão grande quanto um moinho, tal que ele pudesse andar por dentro dela. O filósofo conclui que se examinássemos seu interior, encontraríamos apenas engrenagens que funcionam umas sobre as outras, e nunca algo que explicasse uma percepção (Leibniz [1714], 1991). McCulloch, porém, questiona essa conclusão; é a engrenagem que computa a percepção, esta é o resultado e não as peças. A noção de computação só seria estabelecida em 1936 com o trabalho de Turing. As "peças do moinho" de Leibniz são uma rede neural que processa dados de entrada em saídas, como uma máquina de Turing. Não há uma representação do objeto da percepção, apenas sua informação. Essa nova visão do cérebro eliminaria o vitalismo e sua metafísica de uma só vez.

Vamos considerar, de forma breve e simples, o exemplo da percepção visual no apriorismo fisiológico. Um fator importante na comparação da forma de diferentes objetos é certamente o olhar, a interação entre o olho e os músculos intraoculares, os músculos que movem o globo ocular, os músculos que movem a cabeça, ou os músculos que movem o corpo como um todo. Na verdade, o feedback visual-muscular é importante no reino animal, mesmo na escala mais inferior, como nos platelmintos. Nesses organismos, o fototropismo negativo – a tendência de evitar a luz – parece ser controlado por impulsos iniciados nas duas manchas oculares. O sinal retorna aos músculos do tronco, girando o corpo do animal para longe da luz impulsionando-o para uma região mais escura. Isso mostra que percepção e movimento estão ligados e controlados por feedbacks entre músculos e sistema nervoso.

Não é diferente no ser humano. A integração entre percepção e atividade motora mostra-se explicitamente na pupila que dilata no escuro e contrai na luz, regulando o fluxo de luz no olho. Outros reflexos se organizam a partir visão de cores a uma fóvea relativamente pequena, enquanto a percepção de movimento é melhor na periferia da retina. Quando a visão periférica capta algum objeto pelo brilho ou contraste de luz ou cor ou, sobretudo, pelo movimento, há um reflexo para trazê-lo para a fóvea. Esse reflexo é acompanhado por um complicado sistema de feedbacks interligados a músculos, que tendem a convergir os dois olhos para que o objeto que atrai a atenção esteja na mesma parte do campo visual de cada um, e para focar a lente para que seus contornos sejam tão nítidos quanto possível. Essas ações de mudar prontamente o foco visual para outro objeto trazendo-o para o centro da visão são complementadas por movimentos da cabeça e do corpo, se apenas o movimento dos olhos não for suficiente. No caso de objetos com os quais estamos mais familiarizados – escrita, rostos humanos, paisagens e semelhantes – há outro mecanismo pelo qual tendemos a enquadrá-los na orientação adequada. Essas noções ilustram o apriorismo fisiológico: muito de nosso comportamento não passa pelo controle executivo, é organizado em reflexos neuromusculares automático; muito do que julgamos ter sido conscientemente decidido já foi previamente realizado por reflexos; a consciência é *post-factum*. Há muito a ser dito aqui, mas julgamos esse esboço suficiente.

O *apriorismo* kantiano foi objeto de crítica de muitos filósofos e cientistas. A tese de que a geometria euclidiana surge como um conjunto de verdades *a priori* passou a ser questionada quando matemáticos do século XIX provaram que existiam geometrias alternativas igualmente consistentes. Einstein e outros mostraram que os postulados de Euclides são inadequados para descrever muitos fenômenos espaciais do universo físico; e que ela é apenas uma aproximação local das propriedades do espaço. Da mesma forma, a natureza não é um constructo *a priori*, mas uma estrutura contingente que evolui para adequar as espécies aos seus nichos ao mesmo tempo que é influenciada pela experiência dos organismos com seu meio. Isso nos leva a olhar para os esquemas neurais não como objetos imutáveis, mas como entidades biológicas que se desenvolvem e evoluem para melhor adaptar o comportamento do animal – assim como o pensamento humano – ao seu mundo.

A epistemologia genética de Piaget

Confrontemos a epistemologia experimental de McCulloch com a epistemologia genética de Piaget (Piaget, 1996). Este construiu uma teoria do conhecimento baseada em observações sobre o desenvolvimento cognitivo da criança. "Qualquer conhecimento está conectado com uma ação [...] Conhecer algo é fazer uso dele assimilando-o em um esquema de ação [...]". Piaget traça o desenvolvimento cognitivo da criança a partir de esquemas reflexivos ou instintivos que orientam suas interações motoras com o mundo. A criança começa com esquemas básicos de sobrevivência, como respirar, comer, digerir e excretar, bem como esquemas sensório-motores básicos, como sugar, agarrar e uma coordenação motora rudimentar. Os objetos são secundários a esses esquemas primários, os quais abrem caminho para conceitos mais globais, como o esquema de permanência do objeto – o reconhecimento de que quando um objeto desaparece de vista, ele ainda existe e está lá para ser procurado. Esse esquema desenvolve o uso de extrapolação para inferir onde um objeto em movimento, ao sair de nosso campo de visão, provavelmente reaparecerá. Piaget argumenta que tais esquemas levam a um desenvolvimento posterior até que a criança adquira esquemas para linguagem e lógica – pensamento abstrato – que não estão mais enraizados nas particularidades sensório-motoras. Os estágios posteriores trazem à criança esquemas como os de magnitude, substância e causa, como postulados por Kant, mas agora *são o resultado de um processo de desenvolvimento, e não a incorporação direta de um "a priori"*. Não por acaso, Piaget referiu-se ao seu trabalho como "epistemologia genética".

Epílogo

A epistemologia genética de Piaget incorpora elementos empíricos do desenvolvimento da cognição na criança para formular uma teoria do conhecimento, enquanto a epistemologia experimental difere da de Piaget no ponto essencial em que sua base experimental é neurofisiológica.

O CÉREBRO LÓGICO

Muito de nossas ações são automatismos. O sujeito sente uma dor nas costas, levanta-se da cadeira e busca outra que seja mais confortável. Ele percebeu o desconforto e julga que tomou uma decisão "consciente" em buscar algo mais confortável. Sabemos agora que não é o caso. Ele apenas tomou consciência após um ato automático e interpretou isso como uma "decisão", uma "vontade". Nossas vísceras movem-se e funcionam automaticamente, não precisam ser mentalmente supervisionadas, e assim também muito de nossos comportamentos. Somente uma pequena parte de nossas vidas depende de aprendizagem, consciente ou não.

Não há um local em que possamos dizer "a consciência está ali", sabemos apenas que ela ou é ou depende em grande parte da percepção. A consciência não é uma entidade, mas um *processo*.

Os automatismos são bem mais evidentes quando estudamos os transtornos mentais. Um obsessivo compulsivo tem plena consciência do que acontece com ele e se desespera por não poder controlar um pensamento ou um ato; o paranoico delirante está convicto de que seus delírios são reais, até que um medicamento reinicialize sua sensopercepção e ele perceba seu equívoco. Substâncias psicodélicas podem alterar a percepção e o teste de realidade, assim como outras drogas e o álcool. A linguagem neural é alterada. Os distúrbios mentais exibem comportamentos previsíveis que podem ser modelados; eles mostram que uma parte de nosso cérebro opera por lógica proposicional. A doença mental é computável. Não há uma alma encarnada no cérebro, mas uma lógica-matemática que nos faz existir.

As funções cognitivas alugam um pequeno rincão do córtex sensório-motor. As medicações antipsicóticas melhoram os sintomas de delírio e alucinações, mas podem produzir disfunções motoras indesejáveis tais como síndromes extrapiramidais, acatisia, tremores, parkinsonismo.

Aparentemente a consciência não é computável, mas depende de computação para operar a realidade. O neurologista Eduardo Bisiach descreveu um caso de anosognosia em um paciente com hemiplegia e hemianopsia (cegueira) no lado esquerdo, devido a um AVC que comprometera seus lobos temporal, parietal e occipital direitos (Bisiach; Geminiani, 1990). Ele perdeu os movimentos e visão do lado esquerdo do seu corpo. O paciente era inteligente, assertivo, responsivo, sua linguagem e compreensão estavam preservadas, bem como seu humor e sociabilidade. Sua anosognosia manifestava-se pela sua incapacidade de reconhecer seu problema; ele negava a existência de sua paralisia e cegueira, e ignorava sua lateralidade esquerda.

Quando perguntado por que não cumpria as tarefas designadas para executar com o lado esquerdo do corpo, ele protestava e afirmava tê-las executado. O examinador então tomava a mão esquerda do paciente entre as suas e a posicionava no lado direito do campo visual do paciente, e então perguntava-lhe de quem era a mão que ele estava mostrando. O paciente respondia que era do examinador. O examinador então lhe pedia para explicar por que havia três mãos ali, então o paciente respondia: "veja, em cada braço há uma mão, como você tem três braços, então você tem três mãos." Sua resposta era perfeitamente lógica.

O paciente não tinha sua cognição prejudicada, o dano neurológico cancelou apenas a integração de sinais não verbais. A linguagem expressa o que a consciência percebe, e compartilha o que percebe com outras consciências por meio da linguagem; disso nasce a noção de realidade: percepção compartilhada. No caso em questão, o paciente preservava os conceitos básicos de mão, braço, os significados de palavras etc., mas a construção de conceitos mais complexos, que requer mais integrações lógicas, estava prejudicada devido à sua disfunção cortical pelo AVC. Na medida em que o esquema de mapas neurais interconectados é interrompido, a percepção é alterada e a linguagem é afetada pelo viés lógico. Isso sugere que a consciência interpreta fatos e com isso cria a noção de realidade, e isso depende da integração de percepções. Se a percepção da forma não está alterada, a linguagem nomeia corretamente os fatos (Bisiach, 1988).

Uma das primeiras IAs criadas no MIT no início da década de 1960, chamada "Rafael", foi projetada para interagir com humanos. O sujeito pergunta a Rafael quantos dedos ele tem, e a IA indaga se "dedos" é uma parte do interrogador. Ao receber a resposta de que os dedos estão na mão do interlocutor, a máquina diz que não sabe quantos dedos há. Em seguida o interrogador diz que ele tem dois braços e cada braço tem uma mão, e então refaz a pergunta: "quantos dedos tenho?". Então Rafael responde de imediato: "dez". Note a semelhança lógica com as respostas do paciente de Bisiach. A IA não estava lidando com percepção, mas com forma de linguagem.

Epílogo

As teorias correntes sobre consciência são a da integração da informação de Giulio Tononi (Tononi, 2008; Tononi *et al.*, 2016) e a do espaço global de trabalho de Bernard Baars (Baars, 1997, 2002; Robinson, 2009), além da teoria de Francis Crick (Crick; Koch, 2003). Essas teorias, contudo, nada nos dizem sobre consciência, e tratam apenas dos supostos correlatos neurais que sustentariam a atividade consciente. Há também as inevitáveis teorias "quânticas" que são difíceis de separar do campo especulativo, pois evocam fenômenos quânticos só observáveis em temperaturas próximas ao zero absoluto, enquanto o cérebro é "quente demais, úmido e ruidoso". Deixemos essas especulações de lado.

No transtorno descrito por Bisiach, a alteração é tipicamente sintática ou lógica, pois apenas funções motoras e sensoriais são afetadas, sendo preservadas as funções cognitivas e humor. Já nas doenças mentais, a cognição é primariamente afetada, portanto a alteração é tipicamente semântica ou interpretativa. O conteúdo da experiência, o humor e o teste da realidade estão afetados em variados graus. Nos delírios e alucinações, por exemplo, é o conteúdo da experiência que está alterado, e não a lógica (sintaxe). Essas alterações sensoperceptivas são acompanhadas da desregulação do humor, ansiedade e comportamento inadaptativo. Compreender como a desregulação da cognição leva a doenças mentais é o grande desafio para a neurocibernética psiquiátrica.

A BUSCA DO LOGOS

O espectro fantasmagórico da mente, vagando nos banquetes de filósofos e nas salas tensas da psiquiatria, emergiu na década de 1940 como um objeto legítimo de pesquisa experimental com o trabalho de Warren McCulloch e Walter Pitts, "Um Cálculo Lógico das Ideias Imanentes na Atividade Nervosa" (Mcculloch; Pitts, 1943). Esse trabalho inaugurou uma nova perspectiva sobre o cérebro como uma máquina lógica e a cognição como um mecanismo.

Mas antes de prosseguir, é importante abrir aqui um parênteses para informar ao leitor o que McCulloch concebe sobre mente e corpo.

> Pelo termo "mente", quero dizer *ideias e propósitos*; [e] pelo termo "corpo", quero dizer *material e processo* [...] chamo *ideias* a essas regularidades, ou invariantes [no fluxo de eventos] [...] As ideias devem então ser interpretadas como *informação* [...] Nosso conhecimento do mundo, nossa conversa – sim, até mesmo nosso pensamento inventivo – são então limitados pela lei de que a informação não pode aumentar ao passar por cérebros ou máquinas de computação (McCulloch, 1951, grifos meus).

A ideia da mente humana como um fato que emerge das redes de neurônios do cérebro já é encontrada nos trabalhos do neurologista John Hughlings Jackson, que em 1869 propôs que o cérebro funcionava como um sistema distribuído em diferentes níveis. Nessa mesma linha seguiram William James (James [1890], 2024) e Sigmund Freud (Freud [1893], 1996). Este último formulou o primeiro modelo de uma rede neural para explicar uma vaga função "psi" (Figura 1), antes de abandonar a neurologia pela psicanálise.

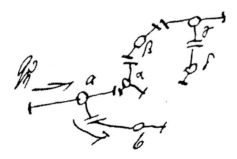

Figura 1 – Esquema de Freud para explicação de uma rede neural "psi"

Ramon y Cajal sugeriu que o cérebro funcionava em rede ao demonstrar que a anatomia do cérebro se organiza em um reticulado de neurônios (Ramon y Cajal, 1894, 1911). Sabia-se que as fibras nervosas conduziam impulsos elétricos na lei do tudo-ou-nada, e no final da década de 1930 a excitação e a inibição foram demonstradas diretamente. Charles Scott Sherrington provou que todo nervo tem um limiar de excitação, e a intensidade da excitação deve exceder esse limiar para a produção de um impulso nervoso que, uma vez produzido, prossegue independentemente da intensidade do estímulo.

McCulloch imaginou que se a mente decorre da atividade de neurônios, então ela deve ser imanente a uma lógica que governa a relação entre os neurônios. Com base na observação que se um neurônio dispara na regra tudo-ou-nada, McCulloch observou que isso equivale a uma proposição de dois valores. O disparo de um neurônio é uma proposição de valor verdade, o disparo de vários neurônios interligados equivale a uma proposição composta. Seu conceito de "psychon", a unidade mínima de atividade psíquica – inspirada nas "mônadas" de Leibniz, a quem Wiener considerava "o santo padroeiro da Cibernética" –, tinha agora uma forma: a proposição básica da lógica neural.

As ideias centrais do desenvolvimento científico e tecnológico decorrem do contexto histórico e social do momento. O trabalho de McCulloch surgiu dentro de uma tendência histórica mais ampla quando várias ciências e tecnologias estavam se fundindo na moderna ciência de comunicação e controle, cujo potencial levou ao desenvolvimento das telecomunicações, automação industrial e poderio tecno-militar da Guerra Fria. As ferramentas conceituais usadas por McCulloch em uma sociedade pós-industrial com uma tecnologia já bastante desenvolvida ajudaram a moldar uma tecnocultura emergente de comunicação, controle e informação. A mente torna-se informação e o cérebro o seu processador.

O constructo de McCulloch e Pitts rejeitou de imediato os simbolismos espirituais, as ideias platônicas e os significados culturais historicamente assentados. A noção da mente "encarnada" em redes neurais nasce no discurso da nova visão de mundo forçada pela II Guerra Mundial que se cristalizou nos novos campos da cibernética, da teoria matemática da comunicação, da computação digital e dos sistemas automáticos de controle, que reconfiguraram a vida e a sociedade humanas como um consórcio automatizado de decisões e sinais.

O trabalho de McCulloch e Pitts é uma expressão direta dessa revolução cognitiva e cultural. Ele promoveu três grandes saltos no conhecimento atual: primeiro, a mente pode ser estudada empiricamente; segundo, a lógica é um recurso apropriado para se entender o cérebro e a atividade mental; terceiro, o artificial e o biológico podem compartilhar propriedades antes só exclusivamente atribuídas à matéria viva. Não se pode dizer que os objetivos de McCulloch eram realistas; ele mesmo reconhece que suas premissas e abordagens eram simplificações extremas, porém necessárias para se construir uma representação poderosa da mente como uma *imanência*. A mente é assim uma entidade emergente fluida em que matéria e forma, meio e mensagem se fundem.

A história de uma ideia

Durante seus experimentos neurofisiológicos com Dusser de Barenne na década de 1930, ficou bastante claro para McCulloch que os dados sensoriais brutos são classificados na variedade perceptiva na fiação do sistema nervoso, e não fora dela, desfazendo toda a metafísica kantiana do conhecimento a priori. Usando o método de estricninização local do cérebro de gatos e macacos, eles puderam deduzir diagramas de fiação em determinadas regiões corticais.

Esses mapas corticais convenceram McCulloch de que os impulsos moviam-se por caminhos preexistentes de um lugar para outro, inibindo ou excitando, e essa dinâmica engendra sensações, movimentos, percepções, pensamentos e memórias. Se esses impulsos resultam da atividade tudo-ou-nada dos neurônios, então a linguagem com a qual o cérebro fala consigo mesmo é lógica.

Por esse tempo, surgiu a publicação da máquina lógica de Alan Turing. McCulloch percebeu de imediato a analogia entre essa máquina abstrata e uma rede neural; ambas processariam uma entrada de sinais codificados e os transformariam em resultados na saída; aferências sensoriais convertendo-se em saídas motoras ou pensamentos.

Como McCulloch diria posteriormente, seus trabalhos com De Barenne provaram que "cérebros não secretam pensamento como o fígado secreta bile, eles produzem pensamentos da mesma forma como uma máquina lógica computa números". A partir daí, a dialética entre o sistema nervoso e a máquina lógica fez a mente e o computador se aproximarem. McCulloch nunca comparou o cérebro a um computador, e se o seu modelo podia assim ser comparado era porque se tratava apenas de uma simplificação. Na verdade, Wiener e Von Neumann reconheceram que a comparação entre cérebro e computador nasceu das conversas entre engenheiros e matemáticos da computação.

Na década de 1940, McCulloch começou a formar sua equipe de pesquisa em psiquiatria biológica para o Departamento de Psiquiatria da Universidade de Illinois. Esse laboratório trabalhava exclusivamente com neurofisiologia experimental e usava macacos como modelo experimental. A busca matemática de McCulloch pelos logos não estava no centro desse programa institucional, isso viria com sua colaboração com o grupo de biofísica matemática de Rashevski e sua mudança para o MIT. Aí ele trabalhou com sistemas de informação e controle em colaboração com colegas como Henry Quastler e Heinz von Foerster, um campo de intersecção entre a biologia, teoria da informação e computação. McCulloch estava imerso na formação de um novo campo científico, que logo se tornaria conhecido como "Cibernética", unindo forças com Norbert Wiener e John von Neumann (McCulloch, 1953; Kay, 1997).

McCulloch conhecia o trabalho de Wiener com engenharia elétrica e suas incursões na neurofisiologia. Com a entrada dos Estados Unidos na Segunda Guerra Mundial (1942), Wiener começou a trabalhar com Julian Bigelow, engenheiro do MIT, e o fisiologista Arturo Rosenblueth em projetos de guerra patrocinados pelo "Applied Mathematics Panel" do "Office of Scientific Research and Development". Ao estudar os aspectos matemáticos de orientação e controle de fogo antiaéreo, eles rapidamente chegaram à conclusão de que qualquer solução do problema de rastreamento autocorretivo era baseada no princípio de feedback, no avião e no atirador humano. Disso resultou o artigo "Behavior, Purpose and Teleology" (Rosenblueth; Wiener; Bigelow, 1942), que introduziu novas representações de sistemas de controle homeostase fisiológica, servomecanismos de engenharia e psicologia comportamental, e reintroduziu a noção de teleologia na ciência (substituição da noção de causalidade pela de propositividade, unindo evolução e autômatos em um princípio comum). O organismo cibernético – uma construção heterogênea, parte viva, parte máquina – germinou na matriz da colaboração acadêmico-militar do tempo de guerra e amadureceria nas práticas de segurança nacional da Guerra Fria (Kay, 1997). O artigo tornou-se uma espécie de manifesto pela cibernética, apresentado pela primeira vez em maio de 1942 no encontro sobre "Cerebral Inhibition" em Nova York, patrocinado pela Josiah Macy Jr. Foundation. Posteriormente, McCulloch engajou-se na divulgação do evangelho da nova ciência, a Cibernética, organizando, junto a Rosenblueth, as famosas conferências Macy, que duraram de 1946 a 1953. Na época, seu trabalho original com Pitts agigantava-se no cenário da cibernética e da computação.

McCulloch apresentou pela primeira vez suas ideias sobre o fluxo de informação binária (on-off) por meio de circuitos de neurônios em 1941 no seminário de Nicholas Rashevsky sobre biologia matemática, na Universidade de Chicago, onde conheceu Pitts. McCulloch estava interessado na atividade regenerativa em circuitos fechados (circuitos reverberantes). Lorente de Nó mostrara a importância desses circuitos nos sistemas vestibulares e McCulloch buscava ampliar o escopo de sua aplicabilidade. Ele pensou que isso poderia explicar a causalgia mesmo após a secção do trato espinotalâmico, os estágios iniciais da memória, o condicionamento, o comportamento compulsivo, a ansiedade e os efeitos duradouros da terapia de choque. Se havia evidências de feedbacks dentro do cérebro, por que não os circuitos regenerativos (Mcculloch, ca. 1960; Lorente De Nó, 1932, 1933)?

A colaboração com Pitts foi essencial para que o trabalho sobre a lógica das redes neurais fosse concluído. A parceria permitiu a McCulloch formular seus conceitos de longa data sobre redes nervosas. Os fundamentos epistêmicos e metodológicos do projeto repousavam sobre os dois grandes pilares do empirismo lógico: o *Principia Mathematica* de Russell e Whitehead, e o *The Logical Syntax of Language* de Carnap. Pitts era aluno de Carnap e frequentou o curso de Russel quando este estava em Chicago.

A colaboração de Pitts no cálculo lógico das redes de McCulloch possibilitou a formulação da uma nova teoria: a atividade nervosa como imanente à estrutura lógica das redes de neurônios, que permite a formulação de declarações constitutivas de percepções, ideias e pensamentos.

> Por causa do caráter "tudo ou nada" da atividade nervosa, eventos neurais e as relações entre eles podem ser tratados por meio da lógica proposicional... O comportamento de cada rede pode ser descrito nesses termos, com a adição de meios lógicos mais complicados para redes contendo círculos [circuitos reverberantes]; e que para qualquer expressão

> lógica que satisfaça certas condições, pode-se encontrar uma rede que se comporta da maneira que ela descreve (McCulloch; Pitts, 1943).

Acima de um certo limiar de voltagem, os neurônios excitados disparam um sinal, e abaixo desse limite ou por inibição, o sinal não dispara; vários neurônios (ou seus axônios) podem estimular conjuntamente um neurônio (somação espacial), ou inibi-lo. Assim, as propriedades das redes neurais possuem representação na lógica; várias permutações de redes produziram um determinado resultado (um sinal) e todas essas permutações equivalentes poderiam ser descritas por meio de declarações. A essa teoria foi introduzido um pouco de aritmética (somação) e o elemento "tempo" nas proposições, pois a passagem do impulso de um neurônio a outro se faz com um breve retardo na sinapse, e desse modo conta-se um intervalo discreto de tempo para cada passagem do sinal.

McCulloch enfatiza que seus "neurônios formais" não eram tentativas de representação biológica, na verdade eram deliberadamente empobrecidos tanto quanto possível para cumprir a simplificação procurada. As redes neurais eram idealizações, modelos redutíveis a operações lógicas, para com isso chegar a uma explicação plausível para a percepção e o pensamento. As implicações para a psicologia são evidentes.

> Para a psicologia, qualquer que seja sua definição, a especificação da rede contribuiria com tudo o que poderia ser alcançado nesse campo – mesmo que a análise fosse levada às últimas unidades psíquicas ou "psicons" [...] A lei do "tudo ou nada" dessas atividades e a conformidade de suas relações com as da lógica das proposições garantem que as relações dos psicons sejam bivalentes. Assim, na psicologia, introspectiva, behaviorista ou fisiológica, as relações fundamentais são as da lógica de dois valores (McCulloch; Pitts, 1943).

(Mais tarde, McCulloch reconheceria que essa redução à lógica binária trazia certos problemas e deixava em aberto algumas questões. Ele então tentou criar uma lógica não binária para avançar na lógica neural, mas não concluiu esse empenho. Von Neumann também reconheceu que o cérebro é ao mesmo tempo digital e analógico, mas não pode seguir adiante o seu projeto de explorar a lógica neural, a morte o interrompeu inesperadamente.)

Von Neumann

Embora o trabalho de McCulloch e Pitts em 1943 fosse uma abstração matemática de um modelo neurofisiológico, seu potencial prático para automação foi imediatamente percebido. De fato, o trabalho aponta para a equivalência das redes neurais com máquinas de Turing; uma rede lógica extrai padrões de estímulos sensoriais e os processa como percepção organizada. Restava responder à questão: como reconhecemos universalmente uma determinada forma, independentemente do seu tamanho e posições? Em um trabalho seguinte, ele e Pitts mostram que uma rede transforma qualquer combinação de subconjuntos de estímulos de um mesmo grupo. Ele usou a topologia dos circuitos para demonstrar isso, mas podemos intuitivamente entender "como reconhecemos universais" baseados na própria dinâmica da rede. Se o conjunto de estímulos específicos para uma percepção, ou parte dele (um subconjunto, ou "traço"), entra na rede, ela "acende" por completo, isto é, sinaliza a mesma informação, ou seja, sua saída é sempre a mesma. Tudo isso decorre do fato de que a informação nas redes se distribui nas conexões como uma nuvem de pontos ativos.

Esse trabalho foi publicado em 1947 sob o título "Como Conhecemos os Universais" (Pitts; Mcculloch, 1947), que se tornaria involuntariamente uma contribuição fundamental para a IA. O trabalho dá continuidade à "epistemologia experimental" de McCulloch. Eles usam a topologia das redes para concluir pela invariância perceptual.

> Numerosas redes, incorporadas em estruturas nervosas especiais, servem para classificar informações de acordo com caracteres comuns úteis. Na visão, elas detectam a equivalência de imagens relacionadas por semelhança e congruência, como as de um único objeto visto em várias posições. Na audição, eles reconhecem o timbre e o acorde, independentemente do tom. As imagens equivalentes em todos os casos *compartilham uma figura comum* e definem um grupo de transformações dos equivalentes entre si, *mas preservam a figura invariante...* a mesma saída para cada entrada pertencente à essa figura. Nós nos esforçamos particularmente para encontrar aqueles que se encaixam na histologia e na fisiologia da estrutura real (Pitts; McCulloch 1947, grifos meus).

Essa observação reflete tipicamente o pensamento "epistemológico experimental" de McCulloch.

Ao investigar como o cérebro reconhece e classifica padrões, McCulloch e Pitts chegaram à conclusão de que seria necessário um cérebro muito grande para realizar essa função. Porém, com base na histologia do córtex cerebral e comparações com instrumentos de varredura como tubos de TV e radares, eles concluíram que bastavam algumas camadas de células neurais para fazer uma varredura necessária para recompor os elementos característicos de um objeto. Desse modo, não precisamos de um cérebro muito grande. Por meio de uma "varredura", o reconhecimento de padrões poderia ser preservado apesar das mudanças de tamanho e deslocamento rotacional de um objeto; e como um padrão pode ser levado à "forma padrão" quando, por exemplo, olhamos enviesado um objeto. Eles demonstraram que a codificação de informações no cérebro é uma atividade topograficamente organizada nas camadas de neurônios. Os cálculos podem ser realizados de maneira distribuída por uma coleção de neurônios, sem a intervenção sensorial. Constatou-se também que a varredura nessas camadas se dá na mesma frequência do ritmo alfa, uma atividade de fundo constante que permite ao cérebro localizar e identificar objetos mobilizando o reflexo de atenção. Como antes, esses estudos foram concebidos apenas como modelos plausíveis. Além de contribuir para os mecanismos de visão humana e artificial, esses trabalhos também foram uma contribuição importante para problemas de reconhecimento de padrões para as IA.

Wiener percebeu a implicação de longo alcance do trabalho de McCulloch e Pitts e comunicou-a ao seu amigo John von Neumann (1903-1957) no Instituto de Estudos Avançados de Princeton. Em 1943, Wiener ofereceu um posição de doutorando a Pitts e este mudou-se para o MIT, mas logo foi arrebatado pela Kellex Corporation, o braço do projeto Manhattan da bomba atômica, onde trabalhou por dois anos antes de voltar a trabalhar novamente com Wiener (Aspray, 1990; Lettvin, 1989a).

A construção de máquinas de computação se mostrou essencial para o esforço de guerra e prosseguia vigorosamente em vários centros dos Estados Unidos, substituindo o relé mecânico pela válvula elétrica e a escala decimal pela escala binária. Wiener estava espalhando as novas ideias para todos os principais cientistas da computação, e logo o vocabulário dos engenheiros passou a incorporar termos da neurofisiologia e da psicologia (Wiener [1948, 1961], 1970). Von Neumann e Wiener realizaram muitas conferências transdisciplinares sobre controle e comunicação em

1944 (Aspray, 1990, cap. 8): "Devemos interessar a todos e todos e depois ver o que acontece...", dizia Von Neumann. A melhor maneira de fazer isso era por meio de conferências e propaganda entre instituições para alcançar cientistas, universidades, empresas de tecnologia para captar verbas e bolsas. McCulloch se engaja nesse projeto ao organizar as Conferências Macy sobre Cibernética.

Os trabalhos de McCulloch e von Neumann foram impulsionados tanto na Academia quanto nas forças armadas. As colaborações acadêmicas e extensos projetos de consultoria militar de Von Neumann (computação, teoria dos jogos, energia atômica) estavam frequentemente interligados. Von Neumann estava interessado na relação entre a máquina de Turing e o cérebro desde o final dos anos 1930, e introduziu essa discussão na teoria da informação e na cibernética, movido pelo impulso das redes neurais de McCulloch e Pitts, concluindo sua teoria dos autômatos. Ele simplificou algumas das suposições dos neurônios de McCulloch e os loops fechados para adaptá-los ao design da memória do EDVAC (Von Neumann, 1945).

As redes neurais de McCulloch e Pitts e a máquina de Turing tornaram-se os pilares dos primeiros estudos de autômatos e design lógico de computadores. A partir daí o computador foi encarado pelos engenheiros como um modelo de cognição. Esse desvio para o *technos*, divorciando-se da preocupação científico-filosófica, popularizou a falaciosa identidade entre computação e cognição.

No início da década de 1960 McCulloch estava operando em três frentes. Ele estava colaborando com o desenvolvimento da cibernética, ao se ocupar continuamente como presidente das conferências Macy (1946-1953); continuava a orientar pesquisas em neurofisiologia, incluindo colaboração em projetos militares, em seu laboratório de Illinois até sua mudança para o MIT em 1951; e desenvolvia o projeto de redes neurais, estendendo sua rede cibernética para além dos EUA atraindo um crescente número de jovens vindos da medicina e engenharia. O crescente interesse militar no projeto de McCulloch no MIT durante os anos de 1951 a 1969 estimulou a pesquisa em IA, embora McCulloch não fosse um entusiasta desse campo. É unanime a opinião – como afirmaram de Mallory Selfridge, Seymour Papert, Marvin Minsky e Michael Arbib – de que o trabalho de McCulloch é a base da IA. Von Neumann declarou explicitamente que "McCulloch e Pitts são os reais inventores da IA".

Epílogo

O movimento em direção à ciência cognitiva foi liderado em 1948 no Simpósio Hixon sobre "Mecanismos Cerebrais no Comportamento", no Instituto de Tecnologia da Califórnia. Além de ciberneticistas, o encontro incluía neurofisiologistas, psiquiatras, psicólogos, sociólogos, filósofos e foi coordenado por Von Neumann e McCulloch, que também apresentaram artigos no simpósio. Von Neumann apresentou o trabalho "Teoria Geral e Lógica dos Autômatos", e McCulloch "Por que a Mente está na Cabeça". Von Neumann admitiu que os organismos vivos e os autômatos (máquinas lógicas) não eram totalmente comparáveis:

> [...] o organismo vivo é muito complexo – parte digital e parte analógico. As máquinas de computação, pelo menos em suas formas recentes... são puramente digitais. Assim, como uma simplificação excessiva do sistema, vou considerar os organismos vivos como se fossem autômatos puramente digitais (Von Neumann, 1951).

Com essa supersimplificação digital, Von Neumann estimou que as possibilidades de autômatos abertas pelo modelo de McCulloch-Pitts eram enormes.

> Tentou-se mostrar que as funções nervosas específicas não são capazes de realização neural mecânica ou lógica. O resultado de McCulloch-Pitts põe fim a isso. Isso prova que qualquer coisa que possa ser exaustiva e inequivocamente colocada em palavras é *ipso facto* realizável por redes neurais finitas adequadas (Von Neumann, 1951).

Von Neumann referia-se a Leibniz, o "guru" de Wiener, McCulloch e Pitts, a agora também dele.

McCulloch e Pitts, contudo, consideravam que havia diferenças intransponíveis – ontológicas e práticas – entre humanos e autômatos; mesmo no modelo digital idealizado por eles. Nenhuma máquina de computação provavelmente funcionaria adequadamente em condições tão diversas quanto a experiência humana. De fato, um teorema da IA – o teorema "no free lunch" – prova essa impossibilidade. Além disso, "os neurônios são baratos e abundantes", observou McCulloch, "[e] Von Neumann ficaria feliz em ter neurônios semelhantes pelo mesmo custo em seus robôs". McCulloch calculou que, na época, seriam necessárias apenas

10 milhões de válvulas elétricas; mas seriam necessárias as Cataratas do Niágara para abastecer a energia necessária e o rio Niágara para dissipar o calor, e seria necessário especificar todas as informações com antecedência (McCulloch, 1951). Mesmo com os chips atuais esse projeto seria inviável. Entretanto, a natureza biológica resolveu esse problema a um custo irrisório aproveitando a biologia celular para construir neurônios, e fontes mínimas de energia barata.

> Como temos 10^{10} neurônios, podemos herdar apenas o esquema geral da estrutura do nosso cérebro. O resto deve ser deixado ao acaso, e isto inclui a experiência que gera aprendizado. Ramón y Cajal sugeriu que aprender [implicava no] crescimento de novas conexões... Isso nos traz de volta ao que acredito ser a resposta para a pergunta: Por que a mente está na cabeça? Porque ali, e somente ali, existem inúmeras conexões possíveis a serem realizadas conforme o tempo e as circunstâncias exigirem (McCulloch, 1951).

Parte II

As redes lógicas

Não é o córtex o correlato fenomênico da consciência, mas a atividade do córtex; consciência não é uma entidade, uma coisa: é uma atividade, um processo.
(J. S. Moore)

BREVE INTRODUÇÃO À LÓGICA

Darei aqui uma noção de lógica tal como os gregos a concebiam. Era uma norma que as petições, sentenças, judiciais, documentos públicos e decisões do senado deveriam ser ditas ou escritas de tal forma que todos entendessem a mesma coisa, ou seja, não houvesse dúvidas ou ambiguidades. A lógica, portanto, é primariamente a forma correta de encadear as sentenças para formar um argumento perfeito. Ela é a forma, não o argumento; é estrutura, não conhecimento; nada tem a ver com retórica ou filosofia.

Os estoicos preocupavam-se com isso e formalizaram a lógica proposicional, estabelecendo as regras de encadeamento de sentenças com bases nos conectivos "e" e "ou", a negação "não" e a implicação "se... então". Aristóteles prosseguiu e formalizou a lógica estabelecendo suas leis ou princípios, e a regra dedutiva conhecida como "silogismo". Sendo, portanto, pura sintaxe ou regras, a lógica é um procedimento puramente mecânico. Ele estabeleceu as leis da lógica: 1 – "Uma proposição só é igual a ela mesma" (princípio da identidade); 2 – "Uma sentença que admite conclusões contrárias não é verdadeira" (princípio da não-contradição). Uma terceira lei é geralmente adicionada: "não há uma terceira opção além de verdadeiro e falso" (princípio do terceiro excluído).

No século XIX, os matemáticos trouxeram a lógica para si transformando-a em uma linguagem de precisão e ela não ficou mais restrita ao discurso. A lógica matemática levou à construção de máquinas que imitam o nosso raciocínio, realizam certas tarefas intelectuais com precisão e sem erros, e tomam decisões quando devidamente instruídas para isso.

A lógica "formal" trata da *forma* correta (regras) de conectar proposições simples para que o raciocínio seja preciso. Portanto, ela trata de relações; se a e b são argumentos e existe uma relação R entre eles, então aRb é uma lógica.

Uma proposição é uma sentença declarativa que pode assumir apenas dois valores: ou é verdadeira (V) ou é falsa (F). A proposição simples é a unidade irredutível do discurso ("sentença atômica"), por exemplo, "patos são aves" é verdadeira e "$2^2 + 3^2 = 4^2$" é falsa.

Quando duas ou mais proposições são conectadas ela passa a ser uma proposição *composta*, e a ligação entre elas é feita por meio de conectivos ou operadores lógicos. Os conectivos universais são o conjuntivo "e" e o disjuntivo "ou inclusivo", e temos também a negação "não". Os conectivos indicam como o valor de uma sentença composta deve ser calculado. A lógica formal clássica é bivalente, isto é, só admite dois valores: "verdade" e "falso". Toda proposição que admite esses dois valores é uma contradição e deve ser excluída.

Na lógica matemática não interessa o conteúdo da proposição, mas somente o seu valor, e por essa razão as proposições podem ser simbolizadas. Convencionalmente, usamos as letras minúsculas p, q, e, s,.... Por exemplo: "p = todos os homens são mortais"; "q = $2^3 + 3^2 < 4^2$" etc. O conectivo "e" une todas as proposições que sejam verdadeiras, enquanto o conectivo "ou" une proposições em que pelo menos uma seja verdadeira; a negação "não", como o nome diz, inverte o valor da proposição.

Boole mostrou que o silogismo pode ser tratado como uma lógica de conjuntos, em que o conjunto universo assume o valor 1; e o vazio, valor 0. A partir daí ele levou o silogismo para a matemática binária e mostrou que na lógica proposicional as sentenças são declarações sobre conjuntos, e seu valor decorre se o elemento pertence ou não a um conjunto, assumindo o valor 1 (pertence), como verdade, e o 0 (não pertence) como falso.

Assim, a lógica proposicional é matematicamente uma lógica de conjuntos, conhecida como "álgebra de Boole". De fato, uma sentença declarativa é também uma declaração sobre conjuntos, por exemplo, se A é o conjunto das letras do alfabeto, então f é uma letra do alfabeto, ou seja, f pertence a A (f $\in$ A), porém @ não pertence a A (@ $\notin$ A). Se A é um "conjunto universo", então, seguindo Leibniz e Boole, A = 1, assim f também será = 1, pois a soma ou multiplicação dos membros do conjunto universo é sempre 1, logo cada membro terá também o valor 1: 1 x 1 = 1 e 1 +1 = 1. Neste último caso, a soma binária não é igual à da aritmética binária, pois, no caso da lógica, trata-se de uma tautologia (na lei de Boole, $x^2 = x$). Da mesma forma, @ = 0, pois não pertence a A, e assim representa um conjunto vazio, $\varnothing$.

Boole então mostrou que "1" equivale ao valor "verdade" ("V") na lógica proposicional clássica e "0" ao valor "falso". Assim, todo silogismo pode ser reduzido a um cálculo simbólico binário, simplificando toda complicação de lidar com sentenças. Os conectivos lógicos "e" e "ou" (inclusivo), e a negação "não" passam a ser "operadores booleanos".

- A disjunção "ou inclusivo" (pvq) significa "ou p ou q ou ambos" (do latim *vel*), o mesmo que "p e/ou q", corresponde à operação união nos conjuntos (P∪B) e equivale à soma booleana (p+q);

- A conjunção "e" (p&q) significa "p e q" (do latim *et*) corresponde à operação interseção (A∩B) e equivale à multiplicação boolena (p.q ou pq);
- A negação "não" (~p ou ¬p) corresponde ao conjunto complemento e à inversão booleana (p^{-1}).

Os cálculos são muito simples e se aplicam às proposições compostas de qualquer extensão.

Neste livro usaremos a notação p.q ou pq para multiplicação booleana, pvq para soma e p ´ para inversão. O cálculo lógico é tradicionalmente representado em tabelas, chamadas de "tabelas verdade", conforme mostrado na tabela a seguir (os valores V e F foram substituídos por seus equivalentes 1 e 0).

p	q	p'	p.q	pvq
1	1	0	1	1
1	0	0	0	1
0	1	1	0	1
0	0	1	0	0

Se a sentença p = "todos os homens são mortais" é verdadeira (1), então a sentença p' = "não é o caso que todos os humanos são mortais" é necessariamente falsa (0). A conjunção pq só é verdadeira somente quando p e q são ambas verdadeiras, e a disjunção pvq é verdadeira quando ou p ou q ou ambos são verdadeiras.

Posteriormente, com o desenvolvimento da linguagem matemática, acrescentou-se algumas funções lógicas, assim chamadas porque não são operações simples indicadas pelos conectivos ou operadores, mas funções definidas por uma expressão. Aqui citaremos as mais importantes: implicação material (p→q, "se p então q"), que significa "se q é falso, então p não pode ser verdade"; implicação bidirecional ou equivalência (p≡q, "p se e somente q"), que significa "ambos, mas não um ou outro"; e "ou exclusivo" (p⊕q, "ou p ou q, mas não ambos").

Consequência lógica. Propriedade de tautologia

Uma rede elétrica, neural ou de outra natureza formada por *n* elementos é construída de modo a ter uma *consequência lógica* Y = 1, isto é, se a rede é designada para executar uma dada função, então seu valor verdade deve ser 1.

Considere o exemplo de uma rede formada por conjuntos de três elementos x_1, x_2, x_3 dispostos em paralelo cada qual arranjado de variadas formas. A função de transformação da rede (consequência lógica) é dada por $Y = f(x_1, x_2, x_3)$ tal que $Y = 1$. Os elementos se unem em uma multiplicação lógica indicando que estão conectados (por disjuntores ou sinapses) e o paralelismo indicado pelas disjunções "ou". Obtemos a expressão geral ou forma normal disjuntiva:

$$Y = (x_1 . x_2' . x_3') \lor (x_1 . x_2 . x_3') \lor (x_1' . x_2 . x_3) \lor (x_1 . x_2 . x_3)$$

Cada expressão dentro dos parênteses corresponde a circuitos conectados em série – cujos disjuntores ou sinapses podem estar ligados (x) ou desligados (x') – e então dispostos em paralelo. A expressão para três elementos mostra as quatro possibilidades de construir um circuito em paralelo para $Y = 1$. Em termos booleanos:

$$Y = (1.0.0) + (1.1.0) + (0.1.1) + (1.1.1) = 1$$

A *consequência lógica* Y das sentenças conectadas deve ser necessariamente verdadeira ($Y = 1$), apesar de cada sentença ser verdadeira ou falsa (valor 0 ou 1); dizemos que Y tem a *propriedade da tautologia*.

(No caso de toda transformação ser 0, temos uma *contradição*.)

Toda proposição que julgamos ser verdadeira é um *axioma*, e a coleção de axiomas que estrutura um sistema lógico constitui uma *teoria*. Se T é uma teoria e Y é a consequência lógica dos axiomas em T, então Y é um *teorema* de T. Em termos de informação, todas as consequências de uma teoria são dedutíveis de seus axiomas (propriedade de tautologia).

Predicados e quantificadores

A lógica proposicional se completa na lógica de predicados. Vimos que toda proposição ou sentença é uma afirmação que é explicitamente verdadeira ou falsa. Na lógica de predicados isso é relativo, pois ela admite variáveis que podem ser verdadeiras ou falsas. Um predicado P(x) é uma declaração que contém uma ou mais variáveis, por exemplo, "x é um número par", em que "número par" é o predicado e "x" a variável. P(x) será verdadeira ou falsa dependendo do valor de x; se x = 4 então P(x) é verdadeiro; se x = 7, é falso. P(x) significa que P é o predicado e x a variável da proposição. Para lidar com essa questão foi necessário introduzir os operadores denominados de "quantificadores": o "quantificador universal" ($\forall$, "para todos") e o "quantificador existencial" ($\exists$, "existe pelo menos um...”). Exemplos:

$\forall x ; P(x)$: *"para todo x tal que x tem a propriedade P".*

$\exists x ; P(x)$: *"existe pelo menos um x com a propriedade P".*

Por exemplo, "$\exists x$; x é par", é verdadeira, pois "existe algum x par"; mas "$\forall x$; x é par" é falsa, pois generaliza para todos os x.

O cálculo de predicados (ou lógica de primeira ordem) pode ser efetuado a partir de tabelas verdades, da mesma forma que o cálculo proposicional, sendo que os valores verdade para os operadores $\forall$ e $\exists$ decorrem dos valores das variáveis a serem declarados.

O quantificador universal é algumas vezes representado como parêntesis, (x), e da mesma forma o quantificador universal, ($\exists x$).

Em resumo, *os quantificadores descrevem a relação entre as propriedades e os elementos de um conjunto.* O quantificador universal ($\forall$) afirma que uma propriedade é verdadeira para todos os elementos de um conjunto, enquanto o quantificador existencial ($\exists$) afirma que existe pelo menos um elemento em um conjunto que satisfaz uma determinada propriedade. Os quantificadores são essenciais para a construção de argumentos e teoremas. Eles também são usados para especificar funções, relações e outros objetos matemáticos.

No contexto das redes neurais, os quantificadores existenciais podem ser usados para modelar a existência de conexões entre as unidades de processamento da rede. Suponha que temos um conjunto de unidades de processamento binárias denotadas por $\{x_1, x_2, ..., x_n\}$, em que cada unidade de processamento pode estar em um dos dois estados possíveis (0 ou 1). Podemos usar um quantificador existencial para modelar a existência de uma conexão da unidade de processamento x_i para a unidade de processamento x_j da seguinte maneira:

$$\exists w_{ij} \in R : w_{ij} \neq 0 \Rightarrow x_i = 1 \rightarrow x_j = 1$$

"Existe uma conexão entre os neurônios i e j tal que se o valor w_{ij} entre eles for diferente de 0, então se o neurônio i dispara ($w_i = 1$), então j dispara ($w_j = 1$)".

Essa expressão lógica modela a existência de conexões entre as unidades de processamento da rede, permitindo que sejam representadas de forma precisa e concisa.

Consistência da lógica proposicional

A consistência de uma teoria decorre do fato de que nenhuma contradição pode ser deduzida dela.

A lógica proposicional é construída a partir de um conjunto de axiomas e regras de inferência. Os axiomas são proposições tidas como verdadeiras *a priori*, enquanto as regras de inferência são usadas para deduzir novas proposições a partir desses axiomas.

Para provar que a lógica proposicional é consistente, podemos usar a abordagem indireta da prova pelo contraditório (*reductio ad absurdum*), supondo que ela é inconsistente e mostrando que isso leva a uma contradição. A prova segue os seguintes passos:

1. Suponha que a lógica proposicional é inconsistente, ou seja, que há uma afirmação A e sua negação A' que são derivadas de um mesmo axioma.

2. Entretanto, para afirmar que A e A', ou seja, A.A', é uma nova proposição derivada das duas proposições anteriores, é preciso que ambas sejam verdadeiras.

3. No entanto, a afirmação A.A' é uma contradição, pois afirma que A é verdadeiro e falso ao mesmo tempo. Isso é impossível na lógica proposicional, já que cada proposição só pode ser verdadeira ou falsa.

4. Portanto, a suposição inicial de que a lógica proposicional é inconsistente é uma contradição, o que significa que a lógica proposicional é consistente.

Leis de Boole (lógica de conjuntos)

As leis da álgebra de Boole são semelhantes às da aritmética com algumas exceções e que são compreensíveis se atentarmos para o fato de que é uma álgebra de conjuntos. Podemos então estabelecer um postulado de conjuntos tais como: *Para qualquer conjunto (A, B, C, ... , 1, 0) pertencente à álgebra booleana B^*, em que 1 é o conjunto universal e 0 o conjunto vazio, temos os seguintes teoremas:*

Leis	Operador "E"	Operador "OU"
Lei de identidade	1.A = A	0 + A = A
Lei do nulo	0.A = 0	1 + A = 1
Lei idempotente	A.A = A	A + A = A

Leis	Operador "E"	Operador "OU"
Lei do inverso	A.(~A) = 0	A + (~A) = 1
Lei comutativa	A.B = B.A	A + B = B + A
Lei associativa	(A.B).C = A.(B.C)	(A+B)+C = A+(B+C)
Lei distributiva	A + B.C = (A+B).(A+C)	A.(B+C) = A.B+A.C
Lei absortiva	A(A + B) = A	A+A.B = A
Lei de Morgan	~(A.A) = (~A)+(~B)	~(A+B) = ~A.(~B)

Note que uma Álgebra Booleana **B*** é formada por pelo menos dois conjuntos A e B dos quais os teoremas da Álgebra Booleana sobre qualquer número de conjuntos podem ser derivados.

Se desejarmos, podemos interpretar os conjuntos A, B, C... como proposições p, q, r... entramos no cálculo proposicional ou lógica de primeira ordem. Isso significa que em lugar de relações entre conjuntos teremos relações entre proposições, que podemos expressar como sentenças. Mudamos agora os valores 1 e 0 para V e F, que representam respectivamente "verdadeiro" e "falso".

Podemos formular ainda outros sistemas de lógica com de mais de dois valores, como na teoria das probabilidades, cujos valores são números reais no intervalo [0, 1], como é o caso da lógica *fuzzy*. Essas lógicas de multivalores e multimodais relativizam o princípio do terceiro excluído. Um exemplo é a lógica modal da mecânica quântica que usa três valores, "verdadeiro", "falso" e "indecidível".

Lógica incorporada em neurônios. O neurônio formal

Farei aqui uma breve introdução às redes de McCulloch e Pitts para ressaltar os pontos essenciais que serão mais adiante estendidos. Um neurônio formal N não busca imitar o neurônio biológico, mas capturar suas propriedades lógicas. Ele é assim um processador de sinais ou impulsos nervosos, sua ação é um proposição simples e o resultado "dispara ou não" atribui um valor binário à proposição. Desse modo, um neurônio formal computa os conectivos "e", "ou" e a negação "não". McCulloch chamou essas unidades lógicas de "psicon". O neurônio formal é a representação de uma tabela verdade em um grafo aberto, conforme mostra a Figura 2a.

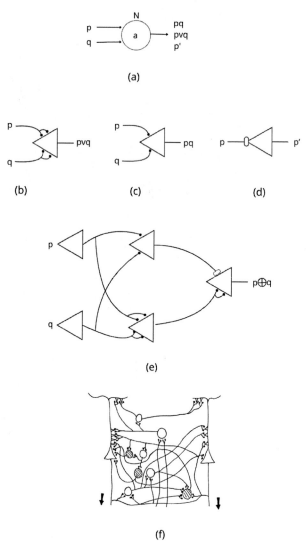

Figura 2 – Lógica formal dos neurônios. (a) Estrutura formal de um neurônio; (b) Neuroprocessamento do conectivo "ou" (p v q); (c) Neuroprocessamento do conectivo "e" (p . q); (d) Negação (não-p); (e) Processamento da função "ou exclusivo" (p'q v pq') em rede; (f) Esquema de uma amostra de córtex cerebral

Na figura, "a" é o limiar de ativação ou disparo de N. Esse compara o número de estímulos recebidos com "a", e, se o valor for igual ou maior que "a", então N "decide" disparar, do contrário, não dispara. O valor do disparo é convencionado como sempre igual a um bit.

No modelo de McCulloch e Pitts o limiar é o mesmo para todos os neurônios, uma resistência que impede disparos aleatórios devido a ruídos. Os autores convencionaram representar uma sinapse excitatória como um duplo botão (representados como círculos escuros), portanto, 2 bits serão necessários para um disparo e representam o valor necessário para vencer a resistência do neurônio (o limiar). A Figura 2a mostra como esse valor pode ser representado como conectivos.

Não importa quantas sinapses existem sobre o neurônio, o disparo é uma função tudo-ou-nada, cujo valor é sempre 1 bit, independentemente do número de sinapses que estejam disparando na superfície do neurônio. Em outras palavras, a saída do neurônio não depende do número de sinapses ativas na entrada.

A sinapse inibitória é representada por um círculo claro em forma de laço (Figura 2d). Sinapses inibitórias neutralizam sinapses excitatórias.

As funções lógicas "e" (Figura 2c) e "ou" (Figura 2b), são funções linearmente separáveis. Situações que envolvem elementos não linearmente separáveis só podem ser computadas por uma montagem de neurônios formais conectados entre si. Essa montagem será chamada de "rede neural" se todas as conexões forem simultaneamente ativadas quando o sinal específico ou traço dele entra na rede. A rede se forma em função desse estímulo; é uma memória associativa dele, ou seja, ela aprende a reconhecê-lo e isso é registrado na configuração de suas conexões agora facilitadas. Por exemplo, no caso da função "ou exclusivo" só é possível completar essa lógica mediante uma montagem (rede), como mostrada na Figura 2e. A Figura 2f mostra o esquema real de uma pequena amostra de rede neural cortical, o suficiente para mostrar a complexidade dessas redes no cérebro.

O alto nível de paralelismo da rede concorre também com um alto grau de alta redundância, devido à multiplicidade de sinapses. Desse modo, só há disfunção na rede se uma destruição abranger significativa extensão dela. É o caso, por exemplo, das demências, cuja manifestação clínica só começa a aparecer quando grande parte dos neurônios envolvidos na memória é destruída.

O desempenho ideal de uma rede parece estar relacionado a uma janela de densidades sinápticas. Um excesso de sinapses pode levar a um congestionamento de informação (talvez seja o caso do autismo), e uma deficiência leva a uma perda catastrófica de informação. como no caso das demências.

Por fim, a exposição repetida de uma rede a um estímulo específico a leva a modificar-se para aceitar esse estímulo. Recordemos que redes são sistemas dinâmicos e as modificações induzidas são temporalmente estáveis.

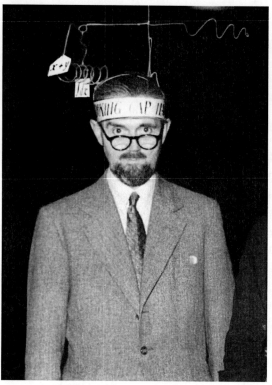

O psiquiatra e biofísico Ross Ahby (1903-1972), um dos pioneiros da cibernética britânica, com seu "capacete lógico-pensante"

REDES NEURAIS FORMAIS

Do impulso nervoso nasce toda a atividade nervosa. O neurônio dispara após ser estimulado se este tem uma intensidade maior que um "limiar" de disparo, e, se isso acontece, o valor do disparo é sempre o mesmo. Um neurônio, portanto, é uma "unidade de disparo com limiar" e esse disparo é do tipo "tudo-ou-nada", ou seja, ou ele dispara ou não dispara ao receber um estímulo. Um neurônio biológico recebe muitas sinapses excitatórias e inibitórias (Figura 3) e se o número de estímulos excitatórios é maior que o dos estímulos inibitórios mais o limiar de excitação, o neurônio dispara. A existência de um limiar impede que o neurônio dispare aleatoriamente pela ação de ruídos presentes no meio em que está imerso. Um neurônio comunica-se com outro por meio de um impulso elétrico que começa na célula e percorre o axônio até o contato com a outra célula. Esse contato é um espaço entre um neurônio e outro chamado "sinapse", no qual neurotransmissores do neurônio pré-sináptico estimulam ou inibem receptores do neurônio pós-sináptico. Essas sinapses são chamadas de "sinapses químicas". O impulso sofre um retardo na sinapse de aproximadamente 0,5 milissegundos na temperatura ambiente. Há também as sinapses elétricas, que ocorrem comumente na junção neural com os músculos do coração e a musculatura lisa; nesse caso o contato entre os neurônios é direto, sem necessidade da mediação de neurotransmissores. Este último tipo de transmissão é mais rápido que o das sinapses químicas, mas aqui só trataremos deste por ser amplamente prevalente no sistema nervoso.

Figura 3 – Ilustração de um neurônio mostrando as muitas sinapses (redundância sináptica) sobre os corpo e dendritos

As redes de McCulloch e Pitts consideram a atividade nervosa como baseada na transmissão de um sinal em intervalos discretos de tempo devido ao retardo sináptico e, para efeitos de simplificação, essa transmissão é sincronizada. O modelo é um autômato finito que captura a *forma lógica* da transmissão nervosa sem o compromisso de ser um modelo biológico.

O artigo de McCulloch e Pitts (Mcculloch; Pitts, 1943), doravante referido como **MP43**, começa estabelecendo alguns fatos neurofisiológicos: o sistema nervoso como um sistema de neurônios conectados por meio de sinapses, os neurônios enviam pulsos excitatórios e inibitórios entre eles, a excitação de um neurônio depende do balanço de entradas excitatórias e inibitórias necessário para superar seu limiar em um dado momento. Em seguida, os autores introduzem a principal premissa de sua teoria: a equivalência entre os sinais neuronais e proposições da lógica, implícito no título do trabalho. McCulloch explica, na terceira pessoa, sua motivação:

> Muitos anos atrás, um de nós... foi levado a conceber a resposta de um neurônio qualquer como equivalente... a uma proposição que propunha seu estímulo adequado. Ele, portanto, tentou registrar o comportamento de redes complicadas na notação da lógica simbólica das proposições. A lei "tudo ou nada" da atividade nervosa é suficiente para assegurar que a atividade de qualquer neurônio possa ser representada como uma proposição. As relações fisiológicas existentes entre as atividades nervosas correspondem, é claro, às relações entre as proposições; e a utilidade da representação depende da identidade dessas relações com as da lógica das proposições. Para cada reação de qualquer neurônio há uma proposição simples correspondente. Isso, por sua vez, implica em alguma outra proposição simples [resultando] numa disjunção ou conjunção, com ou sem negação, de proposições semelhantes, de acordo com a característica das sinapses e o limiar do neurônio em questão. (McCulloch, 1974).

O MP43 começa com uma revisão do estado da arte da neurofisiologia da época e prossegue com algumas ideias de McCuloch sobre fatos neurofisiológicos. Ele também escreveu o final e a conclusão do trabalho. A Walter Pitts, seu jovem colaborador, deve-se o tratamento rigoroso dos dez teoremas em que usa a complicada linguagem II de Carnap (Carnap, 1938), um de seus mentores. A estrutura lógica do trabalho é dividida em duas partes, (i) as redes sem círculos (redes em circuito aberto) e as

(ii) redes com círculos ("redes cíclicas" ou "redes recorrentes"). O termo "círculo" equivale a "loop" (ou "alça fechada") ou circuitos "regenerativos" (feedbacks).

O modelo de McCulloch e Pitts baseia-se em cinco axiomas:

1. A atividade do neurônio é um processo "tudo ou nada" com um limiar para o disparo.

2. Certo número fixo de sinapses deve ser excitado dentro do período de adição latente para excitar um neurônio a qualquer momento, e esse número é independente da atividade anterior e da posição do neurônio.

3. O único atraso significativo dentro do sistema nervoso é o atraso sináptico.

4. A atividade de qualquer sinapse inibitória impede absolutamente uma excitação do neurônio naquele momento.

5. A estrutura da rede não muda com o tempo.

Essas premissas são intencionalmente reducionistas, idealizações das propriedades dos neurônios, da mesma forma que um físico teórico reduz um problema a um modelo bem simples para então desenvolver pouco a pouco sua teoria. Isso era basicamente o que Rashevsky ensinava na sua disciplina de Biofísica Matemática, na Universidade de Chicago, frequentada por Pitts e outros, aos quais se juntaria McCulloch. McCulloch restringiu o comportamento modal do sistema nervoso ignorando deliberadamente desvios e flutuações. Como psiquiatra, ele estava interessado nessas alterações, mas se focalizasse essa questão estaria se restringindo a uma teoria do erro, e não a uma teoria do conhecimento (epistemologia). Não era o propósito dele modelar um neurônio real, mas a sua *forma lógica*, "os neurônios formais foram deliberadamente tão empobrecidos quanto possível".

As proposições 4 e 5 são relativas. A proposição 2 é uma simplificação radical; algumas mudanças na capacidade de resposta aos estímulos são temporárias, como na facilitação e extinção, enquanto outras mudanças são permanentes como no aprendizado, mas isso não afeta o fato de que os eventos neurais satisfazem a lógica das proposições. A proposição 3 foi crucial, e foi a grande inovação introduzida por Pitts: o uso da matemática discreta para construir o modelo, ignorando as funções contínuas (equações diferenciais). Essa simplificação foi motivo de controvérsias e discussões.

McCulloch e Pitts assumiram, para simplificar, que a atividade dos neurônios de uma rede era sincronizada, os atrasos sinápticos ocorreriam dentro de intervalos discretos e uniformes de tempo. Assim, os eventos dentro de um intervalo temporal afetariam apenas os eventos relevantes dentro do intervalo seguinte. A matemática discreta permitiu essa abordagem.

Importava, portanto, a "versão lógica" dos neurônios, e não a naturalística. McCulloch e Pitts acreditavam, junto a Leibniz e Boole, que a mente era "formal", e para consolidar sua teoria ele precisava mostrar que essa lógica emana da própria trama neural.

As unidades lógicas

McCulloch e Pitts começam mostrando as proposições neurais simples, que McCulloch algumas vezes chama *psychons*, "as unidades das sensações, movimentos e pensamentos", portanto, proposições reais, referentes a eventos, como um sinal. McCulloch modela um neurônio como uma "unidade de disparo com limiar", ou, abreviadamente, "unidade limiar". Dois ou mais neurônios se ligam para realizar quatro operações básicas: *precessão, disjunção, conjunção* e *negação conjunta*, mostradas na Figura 4.

As expressões são indexadas em intervalos de tempo discreto, devido ao retardo sináptico entre uma conexão e outra, e passam a serem chamadas de *Expressões Temporais Significativas*.

Na sequência, veremos as quatro operações neurais básicas mencionadas acima. McCulloch usa apenas duas entradas para cada neurônio, como na tabela verdade dada no capítulo anterior, a partir da qual qualquer caso pode ser generalizado. Mantemos aqui a representação arbitrária de McCulloch e Pitts: os botões escuros são sinapses *excitatórias* e os claros são *inibitórias*, e o limiar de disparo de um "neurônio" equivale ao *estímulo simultâneo de duas sinapses excitatórias*.

Vejamos agora as quatro operações lógicas neurais básicas:

Precessão. Na Figura 4a vemos o neurônio C disparando no tempo t atual após receber um estímulo do neurônio A no tempo precedente, t-1:

$$C(t) \equiv A(t\text{-}1)$$

A Figura 4b mostra uma extensão dessa propriedade chamada "somação temporal". O neurônio A dispara ativando C e ao mesmo tempo um neurônio intermediário que fará C disparar novamente, no tempo seguinte, então os disparos passam a coincidir.

Conjunção. Na Figura 4c temos um circuito que simula a conjunção lógica "e". O neurônio C só dispara se e somente se os neurônios aferentes A e B dispararem ao mesmo tempo, do contrário não dispara:

$$C(t) \equiv A(t\text{-}1) \cdot B(t\text{-}1)$$

Disjunção. Na Figura 4d um neurônio recebe como entrada conexões de outros dois neurônios. A expressão a seguir significa que o neurônio C dispara no momento t se pelo menos um dos dois neurônios, A ou B, dispara no momento anterior $(t - 1)$. Esse circuito equivale à disjunção lógica "ou".

$$C(t) \equiv A(t\text{-}1)vB(t\text{-}1)$$

Negação conjunta. A Figura 4e exibe a função negação, em que uma sinapse inibitória (círculo vazio) ao disparar impede que a sinapse excitatória atinja o limiar de disparo (a negação conjunta é uma conjunção de uma afirmação e uma negação). O disparo de C só será possível se o neurônio inibitório B não dispara (indicado pela negação '):

$$C(t) \equiv A(t\text{-}1) \cdot B'(t\text{-}1)$$

C dispara se B não dispara (B'). A Figura 4f mostra uma "inibição relativa", C só irá disparar se pelo menos duas conexões excitatórias estiverem simultaneamente ativas.

$$D(t) \equiv A'(t\text{-}1) \cdot [B(t\text{-}1)vC(t\text{-}1)]vA(t\text{-}1).B(t\text{-}1).C(t\text{-}1)$$

No caso especial do disparo de uma sinapse inibitória, devemos considerar isso como um incremento de uma unidade no limiar de disparo.

Por fim, a função 'se e somente se' $(\equiv)$ é uma "relação transitiva"; seu domínio estende-se retroativamente no tempo até a proposição inicial, isto é, até o receptor da proposição inicial.

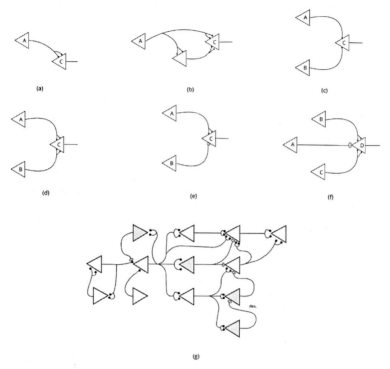

Figura 4 – Unidades lógicas de McCulloch-Pitts. Os círculos escuros representam as sinapses excitatórias (são necessárias duas para superar o limiar do neurônio) e os círculos claros as sinapses inibitórias. Note que se uma sinapse inibitória dispara seu valor será 0, se não dispara, será 1, as atribuição se invertem devido à função. Essas figuras são adaptadas do trabalho de McCulloch e Pitts (1943)

Em uma rede, as conexões inibitórias são importantes para regulação e direcionamento da informação nos canais neurais, e para evitar o vazamento de uma rede em outra, embaralhando informações (talvez seja esse um dos problemas no autismo). A Figura 4g ilustra uma rede neural com uma distribuição de conexões excitatórias ("neurônios" claros) e inibitórias ("neurônios" hachuriados com sinapses em forma de laço). A figura mostra conexões divergentes e convergentes e dois loops na rede. A conexão assinalada como "des." significa "desinibição" (um neurônio inibitório inibe outro neurônio inibitório resultando na anulação do efeito deste.

Podemos agora definir uma *rede neural* como uma montagem de unidades lógicas ativas implicadas em uma dada função.

Rashevsky resume a lógica dos neurônios:

Dada uma rede neural de qualquer complexidade, sua propriedade será sempre descrita por uma sentença da forma: "os neurônios N_1, N_2,... disparam nos tempos t_1, t_2,... se e somente se os neurônios N_p, N_q,... disparam nos tempos correspondentes t_p, t_q,... e os neurônios N_v, N_w,... não disparam nos tempos correspondentes t_v, t_w,..." Qualquer sentença dessa forma pode ser decomposta em proposições simples conectadas por conjunções, disjunções e negações, e similarmente, quaisquer combinações de redes elementares como as dadas nas figuras acima. (Rashevsky, 1960).

Loops

O que regula e sustenta a atividade nervosa? Essa pergunta só pôde ser abordada quando o conceito feedback foi estabelecido pela cibernética. Feedback é processo pelo qual um sinal se regenera repetidamente em uma alça circular. Lorente de Nó evidenciou essas alças em neurônios, e, junto a McCulloch, considerou-os importantes para a sustentação e regulação da atividade cortical, memória de curto prazo e processos de atenção e aprendizagem. A Figura 5i mostra um exemplo muito simples de alça que faz C disparar repetidamente após ser estimulado apenas uma vez por A. Isso é um exemplo de memória de curto prazo, que se mantém por cerca de dez ou mais segundos até se esgotar por fadiga. O elemento da Figura 5i poderia ser caracterizado como:

$$C(t) \equiv A(t\text{-}1)A(t\text{-}2)...A(t\text{-}n)$$

Ou seja, o sinal disparado por C no tempo t é fornecido pelo loop; o sinal emitido por A regenera-se repetidamente na alça, criando um loop. Porém essa notação é inadequada porque não indica o "elemento em loop". Aqui introduzimos o operador existencial:

$$C(t) \equiv (\exists x)A(t\text{-}x\text{-}1)$$

Em que $(\exists x)N(x)$ é o *operador existencial indefinido* que diz "há valores de x entre os inteiros para os quais $N(x)$ se aplica"; x pertence ao conjunto dos naturais, 0, 1, 2,...x; se x for, por exemplo, 4, então $A_{t\text{-}x\text{-}1}$ indica que o sinal de A é replicado numa série temporal $A_{t\text{-}1}$, $A_{t\text{-}2}$, $A_{t\text{-}3}$, $A_{t\text{-}4}$, $A_{t\text{-}5}$. Note que na expressão só se representam a entrada e a saída, os neurônios do loop não precisam ser representados.

Note que na Figura 5i o loop é formado por dois neurônios intermediários, enquanto no trabalho de McCulloch-Pitts representa-se apenas um neurônio. Como observou Rashevsky (p. 214), eles cometeram um erro ao desenhar um loop em que um só neurônio faz sinapse sobre ele mesmo. Tal circuito não pode existir porque o neurônio entra em período refratário logo ao receber o estímulo, tal que o disparo seguinte não tem entrada e o loop não acontece. Desse modo, serão necessários pelo menos dois neurônios para existir um loop.

Além do *operador existencial indefinido*, temos o *operador existencial limitado*, $(\exists x)kN(t-x-1)$ que significa "há valores de x entre os inteiros de 0 a k para o qual N(x) é aplicado" (k é o número de neurônios do loop).

Os demais exemplos da Figura 5 ilustram o uso dos operadores existenciais como função lógica dos loops:

ii) exemplo básico de um loop de C ativado pelo disparo de A,

$C(t) \equiv A(t-1)(\exists x)A(x)$;

iii) exemplo básico de loop de A iniciado por ele mesmo,

$C(t) \equiv (\exists x)A(x)$;

iv) loop inibitório de C iniciado por um disparo de A,

$C(t) \equiv A(t-1).\sim(\exists x)C(x)$;

v) circuito de contagem em C com k neurônios N_{ij} iniciado por um disparo de A,

$C(t) \equiv (\exists x)kA(x)$.

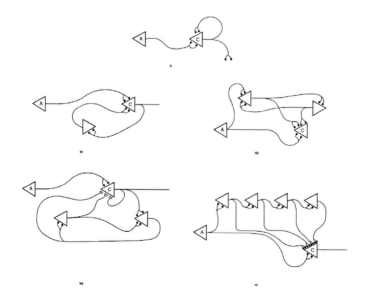

Figura 5 – Figuras de loop em redes neurais (v. texto)

Note que em todas as expressões consideramos *somente as entradas e a saída*; os neurônios intermediários, como já foi dito, especialmente os que integram os loops, não são representados.

Redes abertas e com círculos

Rashevsky simplificou a linguagem de McCulloch e Pitts (Rashevsky, 1960) tornando o MP43 mais acessível e corrigindo algumas passagens:

> Os neurônios de uma rede N são denotados por c_1, c_2, ... c_n. Uma expressão primitiva da forma $N_i(t)$ significa que o neurônio c_i dispara no tempo t. Expressões da forma $N_i(t)$ podem ser combinadas por meio de conectivos lógicos para formar expressões complexas que descrevem o comportamento de diferentes neurônios em determinados momentos. Por exemplo, $N_1(t).N_2(t)$ significa que os neurônios c_1 e c_2 disparam no tempo t, $N_1(t-1)vN_2(t-1)$ significa que ou c_1 dispara em t-1 ou c_2 dispara em t-1 ou ambos. Essas expressões complexas podem, por sua vez, ser combinadas pelos mesmos conectivos lógicos. Como combinações bem formadas, McCulloch e Pitts permitiram apenas o uso de conjunção (A.B), disjunção (AvB), conjunção e negação (A.~B) e um conectivo especial S [o "functor" ou "módulo de Pitts"] que desloca o índice temporal de uma expressão para trás no tempo, de modo que $S[N_i(t)] = N_i(t-1)$. (Rashevsky, 1960).

Veremos o uso do functor ou "módulo de Pitts" em outro capítulo.

As redes neurais podem ser abertas ou em círculos. Essas últimas são redes circulares ou regenerativas (loops).

Redes abertas

As redes abertas são formadas pelos elementos lógicos já descritos. Elas são

> [...] expressões complexas formadas a partir de várias expressões primitivas N1(t), ... Nn(t) por meio dos conectivos acima é denotada por "Expressão$_j$[N1(t), ... Nn(t)]". Em qualquer rede sem círculos, existem alguns neurônios que não recebem entradas de outros neurônios; estes são chamados de neurônios aferentes. (McCulloch; Pitts, 1943).

Essas expressões complexas buscam resolver dois problemas técnicos:

i. "calcular o comportamento de qualquer rede", e

ii. "encontrar uma rede que se comportará de uma maneira especificada, quando tal rede existir".

Essas questões foram facilmente resolvidas nas redes abertas. McCulloch e Pitts mostraram como escrever uma expressão que exponha a relação entre o disparo de um neurônio em uma rede e as entradas recebidas de seus neurônios aferentes, e mostraram como montar uma rede usando quatro esquemas combinatórios (conjunção, disjunção, conjunção-negação e predecessor temporal) em um diagrama de conexões (Figura 9).

Ao fornecerem diagramas de redes que satisfazem relações lógicas simples entre proposições e mostrando como combiná-las para satisfazer relações lógicas mais complexas, McCulloch e Pitts desenvolveram uma técnica poderosa para projetar circuitos que satisfazem determinadas funções lógicas usando apenas alguns blocos de construção primitivos. Esse é o principal aspecto da teoria que foi usada por Von Neumann para criar o design do projeto de computadores digitais.

O ponto essencial desse método é que toda função que possa ser descrita na linguagem comum em um número finito de palavras tem seu equivalente em uma rede neural de McCulloch-Pitts.

Redes com círculos

Os problemas para redes com círculos eram análogos aos das redes sem círculos: os autores apontaram que a teoria de redes com círculos é mais difícil do que a teoria de redes sem círculos. Isso ocorre porque a atividade em torno de um círculo de neurônios pode continuar por um período de tempo indefinido, portanto, as expressões da forma $N_i(t)$ podem ter que se referir a tempos indefinidamente remotos no passado. Por esse motivo, as expressões que descrevem redes com círculos são mais complicadas, envolvendo quantificadores ao longo do tempo. McCulloch e Pitts ofereceram soluções para os problemas dessas redes, mas seu tratamento é obscuro e contém alguns erros tipográficos. Como consequência, o modelo regenerativo é inconcluso, porém os autores consideram os ciclos regenerativos como o fundamento da formação da memória e aprendizado, a chave para compreendermos como as redes neurais organizam nossa mente.

Redundância lógica

Na trama neuronal há sempre neurônios defeituosos ou inativos, mas apesar disso o sistema nervoso trabalha com eficiência. Von Neumann supôs que isso se deve a um alto grau de redundância, isto é, repetições e paralelismo, de modo que a chance de uma via defeituosa afetar a funcionalidade de um módulo é mínima. Essa redundância é denominada de "lógica por voto majoritário" porque se a maioria das vias está íntegra, então a mensagem correta é transmitida e as vias por ventura defeituosas, geralmente em reduzido número, não interferem no funcionamento. Os próprios neurônios recebem centenas ou milhares de sinapses, a maioria são repetições, e desse modo é muito improvável que sinapses defeituosas venham afetar a recepção do sinal nervoso. Quando Von Neumann criou a arquitetura dos primeiros computadores digitais (que se tornou o fundamento destes), ele partiu do princípio de que há sempre peças defeituosas ou que se tornam defeituosas nas máquinas e isso inviabiliza qualquer máquina computacional. Ele então introduziu redundância no seu design lógico e, com isso, viabilizou todo seu projeto de máquinas computacionais (Von Neumann, 1956).

Outro problema complexo que ocupou McCulloch e Von Neumann por algum tempo foi o de como uma rede neural regula os limiares de suas conexões de modo que a perda ou alteração de alguns neurônios não venha afetar o desempenho da rede. Isto explicaria por que um indivíduo sob anestesia, apesar dos seus limiares muito elevados, continua a respirar normalmente e não entra em coma; ou uma pessoa com seu limiares muito baixos após ingerir um estupefaciente, não entra em convulsão. A observação mostra que *a quantidade de saídas de uma rede cerebral não é significativamente afetada por variações muito grandes nos estímulos de entradas.*

Redes de McCulloch e redes biológicas

Quando se pensa no cérebro, geralmente considera-se em primeiro lugar o córtex, o continente sagrado que nos separa das bestas.

Essa é a área mais modelada do cérebro, mas a maioria desses modelos são sobre redes neurais artificiais que nada trazem de progressos para aprofundar o entendimento do cérebro. Apesar de todos esses esforços e estudos, não foi ainda delineado um único circuito cortical básico. A complexidade da organização do córtex não nos permitiu ainda abrir sua caixa preta.

O neocórtex tem seis camadas. As camadas 3 e 5 abrigam grandes células piramidais, a camada 4 é uma camada de entrada, e as outras camadas têm dendritos e axônios que se cruzam. O emaranhado de dendritos e axônios junto às células esparsas dessas camadas forma o *neurópilo*. Além das grandes células piramidais, existem outras células excitatórias menores, e também uma variedade de interneurônios inibitórios de tamanhos e formas variados. Algumas dessas células inibitórias têm grandes dendritos que atingem as camadas mais altas e as células piramidais. Há um interneurônio especial, a célula em cesto, que faz sinapses em axônios de células piramidais, e acredita-se que elas controlam a emissão de potenciais por estas células.

O córtex visual é a área neocortical mais estudada. O córtex visual primário é chamado de V1 em gato e área de Brodmann 17 em macacos e humanos (o cérebro humano é dividido em 52 áreas de Brodmann). Também é chamado de córtex estriado por causa da faixa branca proeminente (estria de Gennari) na camada 4, devido às fibras mielinizadas que aí chegam vindas do núcleo geniculado lateral, a área visual do tálamo. A maioria dos modelos busca explicar as respostas dos neurônios corticais a formas particulares de estimulação visual, sem levarem em conta detalhes dos circuitos e padrões de disparo.

A Figura 6 é um diagrama básico de provável circuito neocortical. A entrada do tálamo chega na camada 4 e se projeta nos dendritos basais das células da camada 3 e nos dendritos apicais das células da camada 5. As células excitatórias de cada camada interagem entre si e com as células da outra camada, e os neurônios inibitórios formam redes de células mutuamente conectadas dentro de cada camada e também interagem com as células piramidais dessa camada. As saídas da camada 5 se projetam para o tálamo e além. Há também saídas de células piramidais baixas na camada 6.

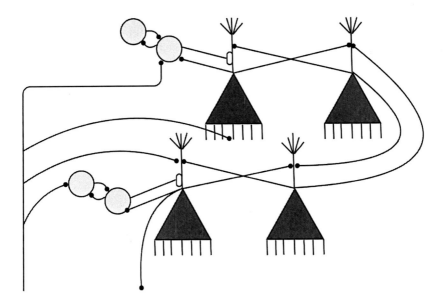

Figura 6 – Aspecto simplificado da estrutura do neocórtex

A estrutura do córtex introduz mais uma dimensionalidade nas redes neurais: ao invés de concebê-la em um plano, ela se multiplica em planos superpostos interconectados e regulados. No entanto, a teoria das redes lógicas de McCulloch e Pitts continua a aplicar-se aqui, contudo é preciso desenvolver como as proposições se superpõem e como elas ajudam a compreender a regulação do conjunto.

Aprendizagem neural

Há tipos de memórias para diferentes usos. Uma delas é "memória de trabalho" que é necessária para guardar por curto tempo uma informação necessária apenas para dar prosseguimento a uma linha de raciocínio. Por outro lado, há as memórias arquivadas como registro permanente e que podem ser usadas para modular comportamentos futuros. Mas ao contrário dos computadores, o cérebro não limpa seus registros anteriores, um fato que é significativo em psiquiatria.

Os construtores dos primeiros computadores usavam um método eficiente para criar memórias de curto prazo, que consistia em manter uma sequência de pulsos de informação viajando em torno de um circuito fechado que só podia ser excluída por intervenção externa. Antes que esses projetistas concebessem esse circuito, o neurofisiologista Lorente de Nó mostrou que isso acontece em nossos cérebros sem defasagem durante a retenção de impulsos, pois cada transmissão é um fenômeno desencadeador e o ciclo só termina por exaustão do neurônio. Esses são os "circuitos circulares" que participam dos processos de sustentação da atividade cerebral. Já era amplamente discutido na época do MP43 que a informação seria armazenada *por longos períodos de tempo por mudanças nos limiares dos neurônios, ou seja, mudanças na permeabilidade de cada sinapse aos estímulos,* e que isso se daria por recrutamento de células, e não por formação de novas células, pois o suprimento de neurônios já está definido desde o nascimento.

> Se for esse o caso, toda a nossa vida é como no romance *Pele de Asno* de Balzac, o próprio processo de aprender e lembrar esgota nossos poderes de aprender e lembrar até que a própria vida desperdice nosso capital de energia para viver (Wiener, 1961).

A primeira evidência biológica de que a aprendizagem e memória se organizam nos neurônios deve-se a Ramon y Cajal, cuja "lei do crescimento pelo uso" é mencionada por McCulloch. Eles acreditavam que conjuntos de neurônios interligados se reconfiguram sob um estímulo persistente para se adequar a ele, mas não tinham evidências. Com base nisto, McCulloch supôs que a aprendizagem e a memória deviam-se a um "crescimento sináptico", e isto levava à formação de redes circulares duradouras (McCulloch, 1965). A evidência nos foi dada por Donald Hebb. Ao examinar cortes histológicos do córtex visual primário de macacos durante a aprendizagem de padrões visuais, ele notou que a repetição dos estímulos levava ao aumento no número das sinapses naquela área (Hebb, 1949), formando o que ele chamou de uma "assembleia celular". Mais tarde isto seria renomeado como "rede neural", um conjunto de neurônios facilitados que se ativam conjuntamente sob o mesmo padrão de estímulo ou parte dele ("traço"). Desse modo, a rede guarda uma memória associativa de um dado estímulo e esse seria o processo básico aprendizagem (reconhecimento de padrões).

Isso foi confirmado por Lomo e Bliss que descobriram o fenômeno denominado *potencial sináptico de longo prazo,* PLP (Bliss; Lomo, 1973), cujo significado é ilustrado na Figura 7. Isso é amplamente verificado em neurônios do hipocampo, razão pela qual admite-se que esse é o fenômeno básico da formação de memória associativa e talvez outros tipos de memória (Cooke; Bliss, 2006). O potencial de longo prazo dura de horas a dias e pode ser reforçado por breve estimulações. É dessa forma que ocorre a aprendizagem e a formação de memórias; as sinapses habituam-se a reagir subliminarmente ao estímulo.

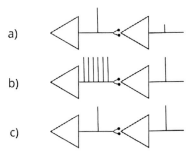

Figura 7 – Ilustração simplificada da potenciação sináptico de longo prazo (PLP). (a) Um potencial de ação fraco chega à sinapse e despolariza a membrana pós-sináptica, mas sem força suficiente para superar o limiar de disparo desta. (b) O mesmo estímulo é aplicado com maior frequência, e agora despolariza a membrana pós-sináptica (somação temporal) com intensidade suficiente para gerar um potencial de ação. (c) O neurônio pós-sináptico torna-se facilitado, disparando agora com o estimulado fraco como em A. A membrana pós-sináptica ficou facilitada ou habituada e continuará assim por longo tempo

Epílogo

O fenômeno dinâmico de formação de redes neurais ficou conhecido como *plasticidade sináptica*, base do mecanismo neural do aprendizado e da memória. Pavlov já havia antevisto isso no começo do século passado ao formular a teoria de que o condicionamento se devia à formação de "conexões temporárias". Posteriormente, um de seus assistentes, Jerzi Konorski, cunhou o termo "plasticidade neuronal" (Konorski, 1948), mas o fenômeno só começou a ser estudado em laboratório na década de 1950 (Craver, 2003).

McCulloch e Pitts estudaram redes fixas como uma forma de explicar uma dada função, porém enfatizavam que essas redes eram dinâmicas, e consideraram a aprendizagem como um fenômeno semelhante, mas não igual, ao da facilitação e extinção. A ideia de mudanças sinápticas como fundamento da aprendizagem já era discutida na comunidade neurocientífica.

Um ano antes da publicação de Hebb, Turing propôs um modelo computacional de rede neural de aprendizagem baseado na ideia de modificações de conexões, porém não o publicou, limitando-o a um relatório interno. O diretor do laboratório em que ele trabalhava na época, o arrogante Charles Galton Darwin, nada menos que o neto de Charles Darwin, considerou o relatório como um "trabalho escolar" e o descartou. Esse trabalho ficou esquecido durante décadas até ser redescoberto novamente.

Turing concebeu uma máquina neural que chamou de "máquina não organizada", dividindo-a em dois tipos, o tipo A e o tipo B. O tipo A corresponde às redes lógicas de McCulloch-Pitts (que ele conhecia), de conexões fixas, cujas funções lógicas são previamente definidas. O tipo B é uma rede neural capaz de modificar suas conexões em função dos dados da entrada, acomodando-as como uma memória do estímulo. Essas modificações são supervisionadas por um algoritmo próprio até estabilizarem-se quando o objetivo é alcançado. Segundo Turing, sua máquina B funcionaria como "um inspetor escolar para verificar os progressos realizados pelo seu aluno". Em 1954, o ano da morte de Turing, a primeira simulação computacional de uma pequena rede neural foi realizada no MIT.

A IDEIA DE CIRCULARIDADE

Em seu esboço autobiográfico, McCulloch faz um relato de seu encontro com Pitts e ressalta a sua preocupação central com a demonstração da importância dos circuitos circulares ou regenerativos (os loops ou feedbacks neuronais) para a sustentação da atividade cerebral como um todo e, em especial, na formação da memória de trabalho:

> Em 1941, apresentei minhas noções do fluxo de informações através de cadeias de neurônios ao seminário de Rashevsky, no Comitê de Biofísica Matemática da Universidade de Chicago, e conheci Walter Pitts [...] Ele estava trabalhando em uma teoria matemática da aprendizagem... interessado em problemas de circularidade, em como lidar com a atividade nervosa regenerativa em loops fechados... Eu acreditava que tais laços explicava a atividade epiléptica do cérebro cirurgicamente isolado... Lorente de Nó mostrou sua significância no nistagmo vestibular. Eu considerava que eles explicavam a causalgia persistente após a amputação de um membro doloroso, mesmo após a secção do trato espinotalâmico; também explicava os estágios iniciais de memória e condicionamento, o comportamento compulsivo, a ansiedade e os efeitos da terapia de choque. Esses parecem ser processos que uma vez iniciados parecem ocorrer de várias maneiras. Já que obviamente havia feedbacks negativos dentro do cérebro, por que não regenerativos? Durante dois anos, Walter [Pitts] e eu trabalhamos nesses problemas cuja solução dependia da matemática que eu não conhecia, mas que Walter sabia. Precisávamos de uma terminologia rigorosa e Walter a tinha de Carnap, com quem vinha estudando [...] Finalmente, conseguimos estabelecer a forma adequada e publicamos "A Logical Calculus..." em 1943. A terceira parte crucial de nosso primeiro artigo [a seção The Theory: Nets with Circles] é rigorosa, mas opaca e há um erro de subscrito [...] Em substância, o que se provou através de três teoremas é que uma rede de neurônios formais pode computar aqueles números que uma máquina de Turing pode computar com uma fita finita. Felizmente para o nosso cálculo, Von Neumann usou nosso artigo no design da teoria geral dos computadores digitais [Von Neumann, 1951 – NA] e deu origem à teoria algébrica dos autômatos finitos [Von Neumann, 1945 – NA]. Formou a base sobre

a qual resolvi a "Heterarquia dos Valores Determinados pela Topologia das Redes Nervosas" e, novamente com Walter Pitts, o [artigo] "Como Conhecemos os Universais" (McCulloch, 1974; McCulloch, 1989, p. 35-36).

Há numerosas redes circulares que são alças de feedback e conexões semelhantes que chegam do tálamo. Isso mostra um sistema altamente regulado responsável pela sustentação e regulação da atividade nervosa. McCulloch também buscou substancializar seu trabalho mostrando a equivalência das redes lógicas com a máquina de Turing. No seu trabalho com Pitts (Mcculloch; Pitts, 1943), ele se refere explicitamente à "máquina de Turing" e à "definição de Turing sobre computabilidade":

> Resumirei brevemente sua importância lógica. Turing criou uma máquina dedutiva que podia calcular qualquer número computável, embora tivesse apenas um número finito de partes que poderia estar em apenas um número finito de estados e, embora pudesse mover apenas um número finito de passos para frente ou para trás, ler um signo, 1 ou 0, de cada vez em sua fita e o imprime ou apaga. O que Pitts e eu mostramos foi que neurônios que podem ser excitados ou inibidos, dada uma rede adequada, extraem qualquer configuração de sinais em sua entrada. Dado que a forma de todo o argumento é estritamente lógica, e que Gödel mostrou que a lógica pode ser aritmetizada, nós provamos, em substância, a equivalência com as máquinas de Turing [...] Mas tínhamos feito mais do que isso, graças ao modulo matemático de Pitts; ao examinar circuitos compostos por caminhos circulares de neurônios, em que os sinais podem reverberar, montamos uma teoria da memória [...] que requer apenas [...] a reativação por um traço (McCulloch, 1965).

Assumindo que uma rede lógica é uma máquina "neural" *à la* Turing, ele validou sua tese, mas o problema da circularidade permaneceu. Pitts atacou esse problema aplicando um módulo matemático que ele concebera em outro problema para a lógica das redes neurais. McCulloch, porém, não explicitou no trabalho que esse assunto é importante porque está implicado na formação de memórias associativas, que é a finalização de um processo de aprendizagem, voluntário ou não. Ele retornará às redes circulares em trabalho posteriores: "Uma Heterarquia de Valores Determinados pela Topologia das Redes Nervosas" (Pitts; McCulloch, 1945), "Processos Fisiológicos Subjacentes às Psiconeuroses" (Mcculloch, 1949) e "Finalidade e Forma" (Mcculloch, 1965).

Há vários *insights* importantes no artigo, além dos já citados. Por exemplo, McCulloch e Pitts referem-se a redes em fase de facilitação ou extinção como "formalmente equivalentes" a redes em aprendizado, mas evitam associar essa "equivalência formal" a uma "explicação factual". Ambos os processos têm bases físicas e químicas subjacentes distintas, e o que torna essa passagem do artigo importante é a noção de que os dois sistemas – o natural e o formal – se aproximam de uma equivalência funcional.

O trabalho estimulou muitas ideias e impulsionou projetos até então impensáveis. No final da década de 1950, muita atenção foi dada a um campo que ficou conhecido como "conexionismo", "redes neurais artificiais" e "processamento paralelo distribuído" (Câmara, 2009), que se baseia nas propriedades de redes em camadas de unidades não lineares, que por sua vez são as versões "lógicas" drasticamente simplificadas de neurônios introduzidas por McCulloch e Pitts no seu trabalho de 1943. Isso abriu a possibilidade para o desenvolvimento tecnológico da ideia de inteligência artificial (IA).

Outra consequência do artigo foi a formalização da teoria dos autômatos por Von Neumann com base nas máquinas de Turing e nas redes lógicas de McCulloch-Pitts (Von Neumann, 1951). Máquinas mais especificamente ligadas à simulação de sistemas nervosos, embora baseadas nos neurônios formais de McCulloch, tiveram início com o projeto Perceptron de Frank Rosenblatt (Rosenblatt, 1958), uma máquina conceitual composta por uma camada dupla de neurônios formais de McCulloch-Pitts. Nesse projeto, as conexões são variáveis e são modificadas por meio de uma regra de treinamento, pela qual as sinapses apropriadas para reconhecer certos padrões são selecionadas. A rede neural aprende dessa forma, identificando um objeto a partir das entradas específicas. Essa flexibilidade sináptica é basicamente a aplicação da teoria de Hebb sobre aprendizagem neural (Hebb, 1949, 1980), embora Rosenblatt tenha declarado desconhecer o trabalho de Hebb. A abordagem conexionista ajudou a impulsionar o projeto de "inteligência artificial".

Aparentemente, McCulloch não se preocupou com essas conexões ajustáveis. Ele assumiu que a aprendizagem decorria de uma mudança dinâmica no estado de uma rede, e propôs um modelo probabilístico. Ele considerava haver sempre a possibilidade de mudança quando uma rede interage iterativamente com uma coleção de estímulos (Mcculloch, 1959).

Também considerava que isso corrigia erros devido a falhas e defeitos em uma via neural, contrapondo-se ao modelo de redundância de conexões proposto por Von Neumann.

Os artigos posteriores ao de 1943 contêm contribuições importantes para a epistemologia experimental que fornecem uma grande visão sobre os mecanismos de funcionamento do sistema nervoso e se afasta do cálculo lógico original. Na opinião de Arbib, essas contribuições posteriores têm mais a dizer para o desenvolvimento da neurociência, enquanto o artigo que trata do "cálculo lógico" teve mais peso na contribuição para a ciência da computação e filosofia do que para a neurociência (Arbib, 2000).

LOOPS E HETERARQUIAS

Tendo sido bem-sucedido em mostrar que conhecemos o mundo através das redes de neurônios no cérebro, e que elas codificam os "universais" (classes de ideias) e organizam o pensamento, restava explorar o comportamento propositivo: como se valoriza ou se escolhe os propósitos. Após o MP43, McCulloch publicou um pequeno trabalho onde estende sua teoria das redes circulares, pois acreditava que os trens de impulsos nervosos que circulam em caminhos reentrantes são a base da memória e aprendizagem. Após o trabalho de 1943, McCulloch publicou um pequeno trabalho como complemento às redes circulares, estendendo o conceito do trabalho original. O trabalho chamou-se "A Heterarchy of Values Determined by the Topology of Nervous Nets" (McCulloch, 1945). McCulloch começa chamando a atenção para um tipo relativamente familiar de circuito fechado, o reflexo, que é basicamente uma excitação que começa com um órgão extranervoso, passa pelo sistema nervoso e, em seguida, retorna ao órgão efetor. Esses circuitos reentrantes são denominados "dromos" por se assemelharem anatomicamente à forma de uma pista circular de corrida olímpica (Figura 8). A anatomia desses circuitos é determinante para a sua fisiologia e como ela se organiza.

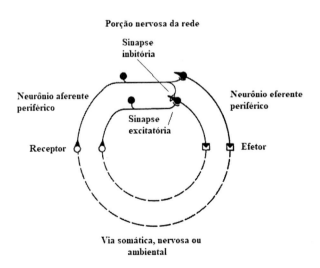

Figura 8 – Elementos de um dromo (McCulloch, 1945)

Os dromos consistem em múltiplas cadeias circulares interconectadas entre si, dando origem às hierarquias funcionais gerando o que McCulloch chamou de "anomalia do valor". Ele distingue dois tipos de teorias do valor nos dromos: a hierárquica (platônica) e a heterárquica. Em uma hierarquia, as preferências são transitivas, de modo que quem prefere A a B e B a C vai preferir A a C. Mas isso, contudo, não é uma regra biológica, e nem mesmo podemos dizer que é concorrente nos organismos. McCulloch considera que nos organismos prevalecem as heterarquias. Nesse caso, as preferências não são transitivas, por exemplo, pode-se preferir A a B, B a C e C a A. Essa quebra da tradicional transitividade – escolha de C em vez de A –, é o que McCulloch chama de "anomalia de valor", que ele considera "o modo habitual da ação nervosa": a ação mais adequada a uma situação será a escolhida não pelo seu valor, mas pela necessidade. Por exemplo, se ratos famintos são colocados diante da opção entre comida e sexo, eles irão preferir a comida em primeiro lugar; se a opção estiver entre a comida e evitar um choque elétrico, os ratos, ainda que famintos, irão primeiro evitar o choque elétrico. Em outro experimento, se ratos famintos são colocados em uma gaiola com alimentos em que há uma pequena abertura de fuga, eles irão preferir fugir. Isso é apenas um dos muitos exemplos de que "hierarquia de valores" não se estende à fisiologia nervosa. A Figura 9 mostra a organização dos dromos nas estruturas hierárquicas e heterárquicas.

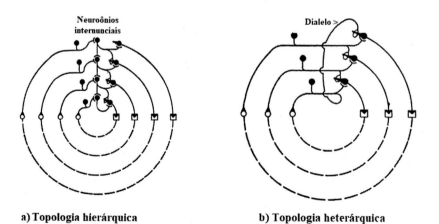

Figura 9 – (a) Dromo hierárquico; (b) dromo heterárquico. As conexões em arco são excitatórias e as em laço são inibitórias

Além dos reflexos somáticos mencionado acima, há mais dois outros tipos de circuitos fechados: aqueles que envolvem apetências e atravessam o mundo extrassomático (ambiente) via efetores na busca de comida, água, sexo, e retornam via receptores; e aqueles que existem dentro da estrutura do cérebro, os "endromos", que são ainda imperfeitamente conhecidos.

Esses circuitos reentrantes são mais que cadeias de neurônios, uma vez que podem incluir elementos somáticos e extrassomáticos. A relação entre anatomia e função fica clara nesse conceito e ilustra a *fisiologia a priori*, ou seja, que toda atividade nervosa, incluindo a mental, tem um correlato anatômico que origina a função.

Para vincular a teoria dos dromos e endromos às teorias do valor, McCulloch supõe que o conjunto de valores corresponda a um conjunto de ações mutuamente exclusivas. Cada escolha corresponde anatômica e fisiologicamente a um único circuito fechado que exclui os demais. Este corresponde à preferência de uma coisa sobre outra, e para isso McCulloch propõe uma conexão inibitória. Assim, se A é preferido a B, então um estímulo que leva à escolha de A (atividade no dromo para A) inibirá a escolha de B (atividade no dromo para B). A Figura 9 ilustra uma topologia drômica relevante em que as conexões excitatórias são representadas por arcos e as inibitórias por laços. Como tanto as teorias hierárquicas quanto as teorias heterárquicas do valor envolvem preferências, elas diferem apenas na topologia global. A teoria hierárquica envolve uma ordenação entre os dromos (preferência de valor transitiva, A>B, B>C, A>C), e a teoria heterárquica envolve um circuito fechado de ordem superior de conexões inibitórias gerando uma "anomalia de valor" (A>B, B>C, C>A).

McCulloch amplia seu conceito de loops fechados de neurônios em dois outros trabalhos. Na palestra "Finality and Form" (McCulloch, 1965), ele mostra como esses loops podem constituir uma forma de memória. Ele também introduz duas novas funções para circuitos fechados. Uma delas é uma alusão bastante esboçada ao uso de filtros para a previsão de eventos futuros ("feedforward") em malhas fechadas. O outro é um uso extensivo das ideias de Rosenblueth, Wiener e Bigelow sobre a homeostase como um sistema teleológico. No trabalho "Physiological Processes Underlying Psychoneuroses" (Mcculloch, 1949), em que divulga ideias cibernéticas para um público amplo, ele tenta explicar como se pode entender a causalgia, várias neuroses, repressão e ansiedade em termos de atividade reverberatória em laços neuronais fechados (McCulloch, 1949). Ele também discute as maneiras pelas quais várias drogas e tratamentos terapêuticos podem modular essas formas de atividade reverberatória.

Epílogo

A motivação de McCulloch está na sua persistente ideia de que os fenômenos neurológicos e psiquiátricos se encaixam na sua epistemologia experimental (apriorismo fisiológico). Vejamos como ele interpreta a causalgia. Essa condição foi descrita pela primeira vez em 1872 por Silas Weir Mitchell na Guerra Civil Americana. Essa dor é precipitada por uma lesão nervosa em um membro sem que o nervo tenha sido seccionado, e é caracterizada pelo fato de que estímulos muito leves, como toques ou vibrações próximas, levam a uma dor intensa em queimação no membro afetado. McCulloch sugere que a causalgia começa nos nervos aferentes que ligam os receptores de temperatura e dor nos braços e pernas à medula espinhal. Na medula, esses nervos excitam, entre outras células, neurônios internunciais que, por sua vez, se projetam para neurônios pré-ganglionares do sistema nervoso simpático. A excitação dos neurônios pré-ganglionares estimula as fibras eferentes pós-ganglionares que regulam o fluxo sanguíneo na pele afetada. McCulloch acreditava que a causalgia surge quando o dano a um nervo misto (um nervo contendo fibras aferentes e eferentes) permite que os sinais eferentes do gânglio simpático estimulem as fibras aferentes para o cordão. Tais sinais, que normalmente diminuem a entrada, passam a aumentá-la. Na linguagem cibernética, um ciclo de feedback negativo torna-se em um ciclo de feedback positivo. É devido ao feedback positivo por meio das fibras pós-ganglionares que o menor distúrbio na região afetada do corpo desencadeia a intensa dor ardente da causalgia. Ele cita os experimentos de Ragnar Granit, que esmagou o nervo misto de um gato e descobriu que as fibras pós-ganglionares de fato estimulavam as fibras aferentes da medula. Também menciona Earl Walker, que tratou com sucesso a causalgia cortando as fibras pré-ganglionares do cordão, deixando as fibras pós-ganglionares periféricas intactas, mas tão logo o gânglio se regenerou, a estimulação continuou a provocar a dor ardente da causalgia. McCulloch extrapola esse caso para casos de causalgia em que cortar a conexão entre a medula espinhal e o gânglio simpático é inútil. Aqui ele supõe que um circuito reverberatório se estabelecia na medula espinhal; desse modo, a secção do trato espinotalâmico entre o cérebro e o nervo afetado seria o mais indicado, e que os casos mais difíceis envolveriam a migração adicional da reverberação para regiões superiores do sistema nervoso central. Percebe-se aqui a epistemologia experimental em ação: ele parte de uma teoria efetiva sobre redes neurais para validar epistemicamente dados empíricos e experimentais.

REDES ASSOCIATIVAS

O reflexo condicional consiste numa forma primitiva de aprendizagem – involuntária e inconsciente – por associação. O processo associa um sinal neutro a um sinal fisiológico (percepção do alimento), de modo que o reflexo até então inato passa a ser elicitada pelo sinal neutro (por exemplo, o som de uma campainha). Em outras palavras, o sinal neutro passa a significar alimento. Isso acontece após várias repetições do som logo seguido da apresentação ato contínuo do alimento ao animal faminto. Depois de várias repetições, o animal passa a salivar apenas ao ouvir o som. Isso acontece por um tempo, após o qual a associação se atenua e o processo necessitará de um reforço para recuperar o condicionamento.

Pavlov atribuía o condicionamento à formação de uma "conexão temporária" (um elemento de loop) entre o circuito de reflexo inato e um analisador cortical (no caso, o córtex auditivo). No MP43, McCulloch e Pitts modela um reflexo condicional ou circuito associativo muito simplificado (Figura 10). O esquema usa uma memória de ciclagem (circuito de Lorente de Nó) como elemento-chave do condicionamento. Na figura, C é o efetor do reflexo salivar, que é inato (incondicional), ativado após o animal faminto ver ou cheirar o alimento (receptor B); o elemento A é um receptor sensorial (exemplo, a audição do som de uma campainha) que não faz parte do reflexo inato e se projeta no analisador cortical auditivo. O condicionamento consiste em levar o animal a associar o som da campainha ao alimento e salivar com isso. Esse é o equivalente lógico do reflexo condicional que se forma por aprendizagem associativa após certo número de repetições em que o alimento é apresentado logo após soar a campainha. Pavlov chamou isso de "condicionamento a um sinal neutro" (som da campainha) e teorizou que isso se dava por meio de uma conexão temporária formada entre um estímulo recebido no córtex sensorial e um reflexo inato codificado na região subcortical (salivação). Konorski denominou essa propriedade de "plasticidade neuronal" (Konorski, 1948).

O condicionamento só será possível se o animal estiver motivado, no caso do exemplo, faminto, o que o torna receptivo ao condicionamento. Isso implica em uma regulação da atividade da rede, assunto que não será abordado aqui, uma vez que nos interessa apenas o processo de condicionamento. Por essa razão, nos experimentos de condicionamento o animal deve estar disposto e não deve haver a interferência de outros estímulos.

Na rede esquematizada na Figura 10, "A" pertence a um analisador cortical e "B" está no território subcortical, a sede dos reflexos inatos ou incondicionais. A entrada "B" assinala um estímulo incondicional levando diretamente à resposta motora "C" (salivação); o estímulo na via "A" não é suficiente para acionar essa saída. Se "A" e "B" são estimuladas conjuntamente a conjunção de ambos ativa uma alça criando uma memória cíclica. Essa alça retroalimenta a si mesma, mas por si só não é suficiente para disparar o reflexo, até que o disparo de A se some com o da alça. Essa memória cíclica torna o condicionamento possível; para McCulloch e Pitts ela seria a "conexão temporária" de Pavlov.

O reflexo incondicional (disparo de C pela apresentação do alimento) é dado por:

$$C(t) \equiv B(t\text{-}1) \qquad\qquad (1)$$

E o reflexo condicional (disparo de C por um estímulo neutro) é dado por:

$$C(t) \equiv B(t\text{-}1) \vee A(t\text{-}1)(\exists x)A(x)B(x) \qquad\qquad (2)$$

A expressão diz que o reflexo salivar dispara com B ou apenas com A somente se A for estimulado por um elemento de loop após este ter sido disparado pela estimulação conjunta de A e B por um certo tempo k ("há um número k de intervalos finito de tempo que se A e B disparam conjuntamente, então A dispara sozinho o reflexo").

Convém notar que cada elemento de uma rede lógica pode ser um neurônio ou a aproximação estatística de um grupo de neurônios engajados em uma mesma função. Assim a Figura 10 é a forma lógica de um neurônio ou um conjunto deles.

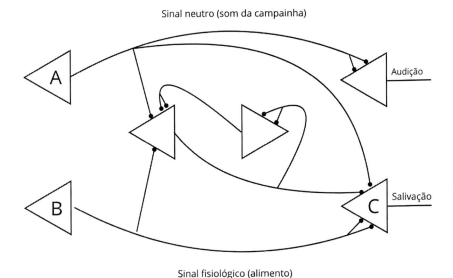

Figura 10 – Modelagem de uma rede associativa de sinais em uma rede de McCulloch-Pitts; o modelo básico de aprendizagem com um loop (λ). Note que nesse modelo o neurônio intermediário só aciona o loop se for simultaneamente estimulado por A e B para algum tempo

O modelo de McCulloch-Pitts explica a longa duração do reflexo condicional a partir de um elemento de loop. Embora os circuitos circulares de Lorente de Nó tenham curta duração – segundos, minutos ou raramente poucas horas –, eles se recarregam após novo estímulo, mas não há provas de sua participação no reflexo condicional. O modelo, contudo, é satisfatório; se o sinal neutro não é usado por um longo tempo, o condicionamento pode ser recuperado por reforço.

A descoberta do *potencial sináptico a longo-prazo*, PLP, confirmando a plasticidade sináptica de Hebb, permitiu aprofundar o entendimento da aprendizagem associativa como um processo distributivo de facilitação sináptica em redes de McCulloch e Pitts. Evidências seguras desse tipo de aprendizagem foram confirmadas nas células do hipocampo.

Com base nisso, proponho uma revisão na proposta original introduzindo um novo elemento, o *elemento facilitado*, que substitui o loop quando necessário. A Figura 11 é a repetição da Figura 10 dentro desse novo conceito, o neurônio I "facilitado" (I^f), que passa a ser a chave da memória associativa do reflexo condicional. Esse neurônio é gerado pela repetição de uma estimulação, no caso, da repetição simultânea de estímulos de A e B por um número finito de intervalos de tempo (k). Uma vez que I esteja facilitado, a estimulação de A elicitará por si mesma o reflexo condicional conjuntamente com I^f. A convenção de McCulloch e Pitts de que o limiar de excitação só pode ser ultrapassado por duas sinapses excitatórias é mantida na figura. Temos então que

$I^f \equiv (A.B)_k \rightarrow C(t) \equiv A(t-1).I^f$

Do contrário, $C''(t) \equiv A(t-1).I$

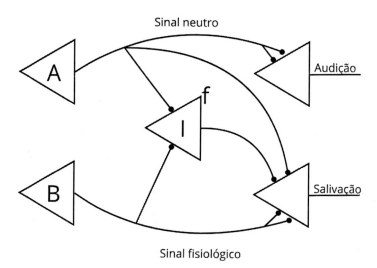

Figura 11 – Lógica alternativa para a memória associativa do reflexo condicional. O loop é substituído por um neurônio I que facilitado pela estimulação conjunta de A (sinal neuro) e B (sinal fisiológico) torna-se facilitado, e, desse modo, coopera com o estímulo neutro para elicitar o reflexo

Epílogo

O MP43 não abordou apenas um problema científico, mas também uma questão ontológica:

> Tudo o que aprendemos acerca dos organismos leva-nos a concluir que eles não são apenas análogos às máquinas, mas que eles são máquinas; não do tipo de máquinas feitas pelos homens que não podem ser chamadas de cérebros,

mas uma variedade muito mal compreendida de máquinas que lidam com informação. Essa foi a grande contribuição da cibernética, que pôs abaixo o muro que separava o mundo maravilhoso da física do gueto do espírito (McCulloch, 1955)

O MÉTODO

Leibniz idealizou a construção de uma máquina lógica que decidiria questões relativas a diversos campos do conhecimento humano (Schrecker, 1947). Para ele, "qualquer tarefa que pode ser descrita completamente e inequivocamente em um número finito de palavras pode ser feito por uma máquina lógica". Isso impressionou bastante Pitts, que adotou esse princípio como um corolário de seu trabalho (Lettvin, 1998b), e efetivamente viu sua realização nas ideias de McCulloch. A ideia da máquina lógica proposta por Alan Turing no seu seminal trabalho sobre a teoria da computação (Turing, 1936) consolidou esse pensamento. Era óbvio para McCulloch e Pitts que a máquina de Turing era uma "máquina lógica" no sentido pensado por Leibniz, e que suas redes lógicas eram a versão neural dessa máquina.

O pensamento de Leibniz está embutido no Teorema X do MP43, em que os autores, após desenvolverem os enunciados lógicos correspondentes a uma rede, investigam o *problema inverso*: dado um enunciado, encontrar uma rede que realiza o que ele afirma.

Como McCulloch observou, "qualquer coisa que possa ser exaustiva e inequivocamente descrita, qualquer coisa que possa ser completa e inequivocamente posta em palavras, é *ipso facto* realizável por uma rede neural finita adequada... a afirmação inversa é óbvia...".

Basicamente, o processo consiste nas seguintes etapas:

1. Estabeleça o argumento em linguagem clara e precisa, estabelecendo as relações entre os fatos;

2. Converta o argumento nas expressões correspondentes em lógica proposicional;

3. Construa uma rede lógica correlacionando as expressões supra no seu esquema.

4. O passo 1 pode ser diretamente expresso no passo 3, uma vez que 2 e 3 são isomorfos.

Em outras palavras, dado o comportamento dos aferentes de um neurônio, encontre uma descrição do comportamento do neurônio, a classe de expressões e um método de construção de modo que, para qualquer expressão da classe, seja possível construir uma rede que satisfaça a expressão.

Note-se que essa relação entre um autômato e uma estrutura linguística justifica a viabilidade das "inteligências artificiais". O método de McCulloch e Pitts foi o princípio que levou à teoria dos autômatos finitos ou a máquinas de estados finitas.

O propósito original da técnica de McCulloch e Pitts para projetar redes era explicar os processos mentais. Como exemplo, eles ofereceram uma explicação para uma conhecida ilusão de calor, construindo uma rede apropriada com base em observações empíricas. McCulloch inseriu esse exemplo porque mais tarde ele servirá para ilustrar sua teoria sobre a origem da indeterminação do conhecimento.

Um objeto frio em contato com a pele deve causar uma sensação de frio, mas se for rapidamente removido causa uma sensação de calor. Para projetar a rede lógica desse fenômeno, partimos do conhecido fato fisiológico de que existem receptores para calor e para frio, e assumimos que existem neurônios cuja atividade "implica uma sensação" de calor. McCulloch e Pitts recomenda atribuir um neurônio para cada função: recepção de calor, recepção de frio, sensação de calor e sensação de frio. Por fim, a ilusão de calor deve ser reduzida às relações entre três neurônios: o neurônio de sensação de calor deve disparar em resposta ao receptor de calor ou a uma breve atividade do receptor de frio (Figura 12).

Vamos descrever agora o método. Ele fornece um procedimento muito conveniente e viável para construir redes nervosas a partir de hipóteses formuladas para um dado evento observado. Vamos ilustrar com o exemplo supra (Figura 12).

Hipótese: é fato que se um objeto frio é colocado sobre pele por um breve momento, uma sensação de calor será sentida; mas se for aplicado por mais tempo, a sensação será apenas de frio, sem qualquer sensação prévia de calor. Sabe-se que há receptores cutâneo para calor, A, e outros para o frio, B, e suas ações estimulam, respectivamente, as sensações de calor, C, e de frio. Vamos assumir, por simplicidade, que se um estímulo de frio for aplicado por uma unidade de tempo e não mais que isso, uma sensação de calor será elicitada, e que a persistência desse estímulo por pelo menos duas unidades de tempo elicitará a sensação de frio.

As expressões para tal são:

$$C(t) \equiv A(t\text{-}1)vB(t\text{-}3).B'(t\text{-}2) \tag{1}$$

$$D(t) \equiv B(t-2).B(t-1) \qquad (2)$$

Essas expressões são formuladas por hipótese. A sensação de frio requer pelo menos dois estímulos sucessivos para eliciar, então supomos que o receptor do estímulo de frio precisa de duas vias de estimulação. O calor é elicitado com um simples estímulo de calor ou um simples estímulo de frio – e nesse caso não mais que isso –, então supomos este como uma alternativa na expressão separando ambas as expressões por dois tempos.

Para construir uma rede neural precisaremos da função S chamada *functor* (o "módulo de Pitts") definida como

$N(t-1) \to SN(t)$
$N(t-2) \to S[SN(t)]$ ou $S^2 N(t)$
$N(t-n) \to S^n(t)$

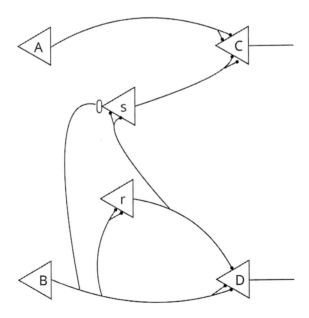

Figura 12 – Rede explicando a ilusão de calor. O neurônio C (sensação de calor) dispara se e somente se um input afetivo for representado pelos dois botões pretos terminando sobre seu corpo. Isso acontece quando o neurônio A (receptor de calor) dispara ou o neurônio B (receptor de frio) dispara apenas uma vez e cessa imediatamente. Quando o neurônio B dispara em sequência, o neurônio intermediário excita o neurônio D em lugar do neurônio C, gerando uma sensação de frio

As expressões (1) e (2) ficam:

$$C(t) \equiv S\{A(t)vS[(SB(t)).B"(t)]\} \tag{3}$$

$$D(t) \equiv S\{[SB(t)].B(t)\} \tag{4}$$

Construímos então uma rede começando com a função incluída no maior número de parêntesis e prosseguimos daí para fora (colchetes e, por fim, chaves). Vamos considerar a equação para C(t). No caso, construímos primeiramente uma conexão para a expressão SB(t) mostrada na Figura 12 (no modo como se vê na Figura 2a) para um neurônio arbitrariamente designado, digamos, Nr, de modo que:

$$Nr(t) \equiv SB(t) \tag{5}$$

Em seguida, vamos para a próxima expressão SB(t).B'(t), que agora podemos escrever como Nr(t).B'(t), então temos agora que fechar a conexão inibitória B'(t) e para isso conectamos Nr a outro neurônio arbitrário, Ns. A próxima etapa consiste em construir uma rede correspondente a SB(t).B(t) na eq. 4. Para fazer isso nós conectamos Nr e Ns com D no modo mostrado na Figura 2c. Temos agora a expressão:

$$D(t) \equiv S[SNr(t).B(t)] \equiv S[(SB(t)).B(t)] \tag{6}$$

que nada mais é que a equação 4, e também temos

$$Ns(t) \equiv S[Nr(t).B'(t)] \equiv S[(SB(t)).B'(t)] \tag{7}$$

Finalmente, executamos uma rede de A e Ns para C, no modo da Figura 2b, e encontramos:

$$C(t) \equiv S[A(t)vNs(t)]$$

$$\equiv S\{A(t)vS[SB(t)].B'(t)\} \tag{8}$$

Essas expressões (8) e (6) são idênticas às expressões (3) e (4) e isso soluciona o problema. A rede completa é mostrada na Figura 12.

Esse exemplo não somente ilustra o método formulado no teorema X como valida uma questão epistemológica central na filosofia de McCulloch. Ele escolheu esse exemplo como para uma observação geral sobre a relação entre a percepção e o mundo: "Essa ilusão deixa muito clara a dependência da correspondência entre a percepção e o 'mundo externo' sobre as propriedades estruturais específicas da rede nervosa interveniente". Em seguida, aponta que a mesma ilusão poderia ser explicada por diferentes redes se outras suposições sobre o comportamento dos receptores de calor e frio forem propostas. Note que McCulloch não estava propondo as redes lógicas como o mecanismo real por trás da ilusão de calor, mas sim como uma hipótese válida para explicar a ilusão. Podemos agora inferir que as alucinações e delírios têm uma origem similar, embora mais complexa.

Epílogo

Podemos, agora, concluir a ideia central do MP1943: podemos construir uma rede neural hipotética que incorpora, de forma inata ou por indução, qualquer universal (classe de coisas) ou ideia particular. Enfim, a única forma de abordar científica e filosoficamente o problema do conhecimento e dos valores é investigar como isso acontece na trama nervosa. Em outras palavras, os universais são redutíveis a eventos ou excitações em populações organizadas de neurônios.

Walter Pitts e Warren McCulloch

REDES LÓGICAS E AUTÔMATOS

O elemento fundamental para a conclusão do MP43 foi o "modulo de Pitts", uma ferramenta algébrica que usa expoentes como indicador dos intervalos de tempo consumidos em uma sequência de estimulação. Se $f(t)$ é estimulação de uma sinapse no tempo t, o operador de Pitts, S, refere-se à estimulação de uma unidade de tempo antes do t, isto é, t-1, ou seja, $Sf(t) = f(t-1)$. Assim, por exemplo, $S^3f(t)$ refere-se à estimulação da sinapse três unidades de tempo antes de t. Essa ferramenta permitiu a ele escrever um conjunto de equações que poderiam ser resolvidas para as funções de estimulação e usou-a nas redes circulares da seção II do MP43. Isso permitiu encontrar as fórmulas para descrever tanto as redes comuns quanto as circulares, supondo que uma afirmação da forma $S^nN_i(t)$ é verdadeira se o neurônio i dispara n unidades de tempo antes de t.

Na parte final da Seção III os autores relacionam suas redes como computacionalmente equivalentes às máquinas de Turing:

> Mais uma coisa deve ser observada em conclusão. É facilmente demonstrado: primeiro, que toda rede, se equipada com uma fita, scanners conectados a aferentes [unidades de input] e eferentes [impressora] adequados para realizar as operações motoras necessárias, pode computar números como uma máquina de Turing; segundo,... que redes com círculos podem calcular, sem scanners e fita, alguns [desses] números..., mas não... todos eles. (McCulloch; Pitts, 1943).

Essa breve passagem é a única em que se menciona a palavra "computação" (na época do trabalho, os computadores modernos ainda não tinham sido construídos). Ao afirmar que as redes computavam, McCulloch e Pitts forneceram o primeiro link público entre a teoria matemática da computação e a teoria do cérebro. Foi uma declaração fundamental para a história da inteligência artificial.

Mas embora eles tenham feito uma clara conexão entre seus resultados e as máquinas de Turing, não explicaram o que queriam dizer com "rede computando uma rede com círculos".

O primeiro objetivo de McCulloch e Pitts era criar uma "equivalência formal" entre redes de neurônios e conjuntos de declarações lógicas. Eles partiram dos princípios estabelecidos no *Principia Mathematica* e na teoria das máquinas lógicas de Turing e seus números computáveis. McCulloch e Pitts sabiam que os mesmos princípios se aplicavam às suas redes lógicas:

> Turing havia produzido uma máquina dedutiva que poderia calcular qualquer número computável, embora tivesse apenas um número finito de partes que poderiam estar em apenas um número finito de estados [ou instruções, e que podia mover apenas um número finito de passos para frente ou para trás, identificar 1 ou 0 de cada vez em sua fita, substitui-lo, mantê-lo ou apagá-lo, e mudar ou não para outra instrução]. O que Pitts e eu mostramos foi que os neurônios, que podem ser excitados ou inibidos, em uma rede adequada, podem extrair qualquer configuração de sinais em sua entrada. Como a forma de todo o argumento era estritamente lógica e dado que Gödel havia aritmetizado a lógica, provamos, em substância, a equivalência [de nossas redes] com as máquinas de Turing (McCulloch, 1974).

Em outro lugar, ele completa:

> Fizemos mais do que isso, graças ao módulo matemático de Pitts. Ao examinar circuitos compostos de caminhos fechados de neurônios nos quais os sinais poderiam reverberar, estabelecemos uma teoria da memória... que pode ser reativada por um traço (McCulloch, 1965).

Essa passagem levanta uma série de questões interessantes e deixa outras abertas, por exemplo, não há discussão explícita sobre um substrato neural para *memória* em MP43. Eles apenas relacionam redes em processo de facilitação ou extinção e redes em processo de aprendizado como "formalmente equivalentes", e evitaram com isso uma "explicação funcional". De fato, facilitação e extinção se devem a mudanças relativamente transitórias nas propriedades elétricas e químicas, enquanto a aprendizagem é uma forma de mudança duradoura, mas não havia dados suficientes na época para um julgamento factual. Aparentemente, não quiseram avançar essa discussão para aprendizagem e memória associativa.

Curiosamente, o trabalho de McCulloch e Pitts foi originalmente concebido como um modelo matemático do sistema nervoso humano, mas na verdade se tornou muito mais. O modelo deles era equivalente às lógicas formais, e seu resultado realiza a ideia de Leibniz: "qualquer coisa que possa ser exaustiva e inequivocamente descrita, qualquer coisa que possa ser completa e inequivocamente posta em palavras, é *ipso facto* realizável por uma rede neural finita adequada... a afirmação inversa é óbvia...".

Isso abriu a possibilidade para inteligências artificiais e aprendizagem de máquinas.

A tese psicológica de Turing-Church

McCulloch e Pitts estavam convictos de que suas redes podem computar qualquer coisa que as máquinas de Turing possam computar, o que foi aceito por parte da comunidade científica (p. ex., Koch, 1999; Koch; Segev, 2000). Ao resumir a importância de seu artigo, McCulloch escreveu a um colega:

> O artigo original com Pitts intitulado "A Logical Calculus of Ideas Immanent in Nervous Activity..." tais redes podem computar qualquer número computável ou, nesse caso, fazer qualquer coisa que qualquer outra rede pode fazer no sentido de extrair consequências das premissas. (Arbib, 2000).

Stephen Kleene abordou rigorosamente o problema da computabilidade das redes de McCulloch-Pitts, procedendo independentemente do tratamento das redes com círculos que ele achou "obscuro" e porque encontrou um "contraexemplo aparente". Kleene chamou seu novo formalismo de "autômatos finitos" e mostrou que as redes de McCulloch-Pitts são computacionalmente equivalentes a autômatos finitos (Kleene, 1956).

Esses fatos relacionam as redes de McCulloch e Pitts com a tese de Turing-Church, que diz que qualquer função efetivamente calculável por uma pessoa é computável em uma máquina de Turing equivalente. Essa tese baseia-se em considerações matemáticas intuitivas. Ao afirmarem que o cérebro, de uma maneira mais geral, "extrai consequências de premissas", como uma máquina de Turing mental, McCulloch e Pitts atribuem significado epistemológico ao fato de que suas redes logicas computam. Isso estende a tese de Turing-Church para o que se denomina atualmente de "tese de Turing-Church psicológica".

O principal objetivo da teoria era explicar as funções mentais como o equivalente a computação em artefatos. Como McCulloch explicou alguns anos depois, ele e Pitts estavam interpretando entradas e saídas neurais como se fossem símbolos escritos na fita de uma Máquina de Turing:

> O que pensávamos que estávamos fazendo (e achei que conseguimos muito bem) era tratar o cérebro como uma máquina de Turing... O importante, para nós, era que tínhamos que pegar uma lógica e subscrever o tempo de ocorrência de um sinal (que é, se quiserem, não mais do que uma proposição em movimento). Isso foi necessário para construir teoria suficiente para poder afirmar como

um sistema nervoso poderia fazer qualquer coisa. O mais encantador é que o conjunto mais simples de suposições apropriadas é suficiente para mostrar que um sistema nervoso pode computar qualquer número computável. Esse tipo de dispositivo, se você prefere, pode ser uma máquina de Turing (McCulloch, 1974).

Epílogo

Tratar o cérebro como uma máquina de Turing foi uma parte crucial da tentativa de McCulloch e Pitts de resolver o problema mente-corpo.

ORGANIZAÇÃO DO COMPORTAMENTO

Na linguagem da IA, "resolução de problemas" é o uso de informação para lidar com instabilidades na interação com o ambiente. Podemos representar a configuração sináptica de uma rede em um "espaço lógico", θ, formado por pontos "verdadeiro/falso" em um espaço dinâmico. Nesse espaço existem diferentes esquemas para diferentes tipos de situações – separados ou parcialmente superpostos.

Operacionalmente, aplica-se aqui a "heurística básica de aprendizado" de Minsky e Selfridge, que diz: "Em uma nova situação, tente métodos já conhecidos que funcionaram em situações parecidas", ou, dito de outra forma, "ao invés de ter de subir uma dada montanha, procure uma colina que seja mais adequada para escalar".

Na vida real, nem sempre existe um método preciso para alcançar uma solução, e isso nem mesmo é relevante. Nesses casos, a rede entra em ação mesmo quando não há um esquema para lidar com um problema. Vivemos em um mundo caótico, em que os processos são inerentemente instáveis e qualquer tipo de ordem, mesmo marginal, é um lucro. Um controle eficiente depende (em certo sentido) da combinação de regras da rede com as do mundo. No caso de uma IA, isso significa "encontrar uma boa heurística" ou a alternativa menos danosa possível. No caso dos organismos, o princípio é, em linhas gerais, o mesmo.

Estereótipos e comportamento

O comportamento em geral é programado por evolução e atualizado pelo desenvolvimento. O animal já nasce com competências, tais como comportamento de defesa, de caça, de busca, acasalamento, abrigo, comportamento migratório etc. São esquemas que evoluíram longamente para lidar com o ambiente nesses últimos 500 milhões de anos, o qual pouco variou desde então. A aprendizagem é uma aquisição recente que parece estar relacionada ao desenvolvimento do neocórtex, e acrescenta a capacidade de testar hipóteses sobre o meio e selecioná-las como forma de exploração e modificação para melhor adaptação. Associa-se a isso a comunicação da informação criada. Entretanto, são as adaptações inatas às espécies – esquemas neurais programados por seleção natural – que garantem sua sobrevivência e reprodução no ambiente em que evoluiu. Esses esquemas comportamentais são tipos de aplicativos que interagem até certo ponto para combinar efeitos adaptativos.

Rãs reagem previsivelmente a estímulos, mas elas não fazem associações conceituais. Araras podem ser extintas quando a espécie de árvore que fornece a semente específica para sua alimentação desaparece, apesar de existirem na mesma região outras fontes de sementes igualmente nutritivas. Um coala morrerá de inanição e toda espécie se extinguirá se não tiver o broto de bambu, seu item alimentar básico, mesmo que haja abundância de outro alimento equivalente. Um pinto para sair do ovo deve romper a casca usando o "dente de ovo", uma formação que ele perde logo ao sair. Se abrirmos a casca antes do pintinho ele não sairá do ovo e morrerá, mesmo que o ovo esteja rompido, pois o ato de romper ele mesmo a casca inicializa o algoritmo que o fará movimentar-se. Ao sair da casca, o primeiro objeto movente que ele vê ativa um novo algoritmo neural que fará o pintinho segui-lo aonde quer que vá, seja uma galinha, um cão ou uma pessoa. Esse objeto será a "mãe". A ativação de algoritmos neurais inicia o organismo na sua jornada de sobrevivência em seu ambiente. Ele irá adquirir as funções nervosas de forma escalonada, à medida que amadurece o sistema motor e glandular.

Muito do que julgamos ser aprendizagem animal são apenas estereótipos dinâmicos inatos (termo pavloviano para conjuntos interagentes de reflexos incondicionais). São aplicativos instalados durante a evolução e que se atualizam durante o desenvolvimento pela constante interação do animal como o seu meio. Assim, o animal já nasce com o seu kit de sobrevivência.

Se observarmos um gato brincando com uma bola de papel veremos que ele reproduz o mesmo comportamento quando se depara pela primeira vez com um rato. Ao brincar com a bola de papel, o gato está reproduzindo o ritual predador-presa; "brincar" é um estereótipo para capturar presas constantemente atualizado na vida social do animal, um aplicativo neural. Filhotes de leões, de lobos, e outros predadores, brincam uns com os outros lutando, emboscando, mordendo sem ferir, atualizando em rituais o algoritmo que será utilizado quando, como adultos, saírem para uma caça real ou lutarem por território. Não é diferente com as crianças humanas. Um pica-pau de Galápagos segura um espinho de cacto com o bico e com ele espeta vermes que se escondem dentro de buracos nas árvores; ele não sabe por que faz isso, apenas faz. A lontra do mar também improvisa ferramentas ao flutuar de costas colocando uma pedra sobre seu corpo e quebrando mexilhões nela para comer. Macacos usam pedras para partir frutos de casca dura e improvisam cacetes para atacar outros macacos. Mas nada disso é inteligência, mas comportamento programado – "competências", como prefere Daniel Dennett –, programas inatos de sobrevivência. Todos nascemos já com os aplicativos – esquemas – necessários para sobreviver no mundo, e estes se tornam operativos ao serem atualizados pela constante interação com o meio.

Não existe a aprendizagem tipo tudo-ou-nada no desenvolvimento de uma espécie, mas aplicativos já instalados. Um potro ao nascer tenta ficar logo de pé, inicialmente desajeitado e equilibrado, trêmulo, até que consegue se firmar e trotar. Ele não está "treinando" por tentativa e erro, apenas é impulsionado naturalmente pelo sistema nervoso, uma "vontade de natureza" para usar uma expressão de Schopenhauer. Um bebê mexe, tenta pegar algo, engatinha, fica de pé, anda, mas não faz isso como treinamento; ele é tomado de um impulso "de dentro para fora", um processo de "despertar" que é expressão do processo de desenvolvimento que guia o animal até sua automatização, melhor dizendo, seu ganho de autonomia.

Em todos esses casos, podemos modelar o comportamento pelo método lógico do MP43. Esses processos não envolvem aprendizagem, são o que Pavlov inapropriadamente denominava de "reflexos incondicionais", e que McCulloch e Pitts modelaram como redes neurais predefinidas, isto é, selecionadas por evolução e atualizadas pelo uso (interação constante com o meio). Essas redes são o que atualmente chamamos de "aplicativos", e é assim que o sistema nervoso evolui.

Seleção por associação

Nos animais já autônomos e mais evoluídos, existe uma *associação automática* entre informação que chega do ambiente e os esquemas de comportamento inato. Em seu ambiente natural, eles podem selecionar estratégias para solucionar certos problemas movidos por uma necessidade, um processo análogo ao homeostato de Ashby. O animal não antecipa dificuldades, apenas reage a elas, tampouco reflete sobre a experiência para elaborar decisões em benefício futuro, apenas atua. Nesses casos não chegamos ainda ao estágio da aprendizagem, mas do aumento de competências; as redes de McCulloch e Pitts ainda estão no cenário, mas agora diferentes redes ou "aplicativos" interagem entre si dinamicamente, selecionando a rede que melhor responde a uma demanda. Isso nos leva ao processo que McCulloch denominaria de "redundância de comando principal", que veremos em outro lugar.

Um animal tem um repertório de comportamentos inatos instalados durante o seu desenvolvimento. Suponha que uma situação S se resolve adotando o comportamento codificado na rede neural Z, que representaremos na implicação lógica S→Z. Se o animal tem no seu repertório os comportamentos U, V, Z associados a S, ele poderá selecionar Z por associação:

$$S \equiv \{U, V, Z\} \, ; S \rightarrow Z$$

Esse exemplo nos mostra uma heterarquia vista de outra perspectiva.

Suponhamos agora que ele tenha as seguintes associações:

$$S \equiv \{T, X\}$$

$$T \equiv \{U, Y\}$$

$$X \equiv \{W, V\}$$

$$W \equiv \{Q, Z\}$$

Note que falta a associação entre a rede Z que responde à demanda S do meio e esta. T, X, U, Y, W, V, Q, Z são redes de comportamento, que implica em uma organização central com seus respectivos aferentes e efetores. Nesse caso, uma vez exposto à situação S o animal não tem como se adaptar, pois falta associação direta para selecionar o comportamento Z, o qual só responderá à situação W, o que não é o caso.

Nos animais mais evoluídos surge um jogo mais complexo de heterarquias, embora também limitado em seu repertório de demandas, mas suficientemente rico em possibilidades de sobrevivência no ambiente em que mamíferos evoluíram.

No caso do exemplo supra, o animal encontraria a solução por associações possíveis:

U→T, T→S, logo U→S

Y→T, T→S, logo Y→S

Z→W, W→X, X→S, logo Z→S

Desse modo, pode-se usar os comportamentos U, Y e Z para resolver S. Esse processo de seleção é totalmente automático, ou "reflexivo". Ross Ashby já havia mostrado isso na década de 1940 com o seu famoso autômato conhecido como "homeostato" ou "máquina homeostática" (Ashby, 1947).

Chimpanzés têm um controle associativo limitado. Eles podem improvisar ferramentas diante de situações experimentais como colher uma banana suspensa no teto, usando uma vara e um banco encontrados no ambiente. Eles sobem no banco e alcançam a banana com a vara, mas fazem isso por tentativas não refletidas, motivados pela necessidade, e repetirão a experiência se a situação novamente acontece. Contudo, eles não conservarão o resultado da experiência para outra ocasião (guardar as ferramentas ou transportá-la, prevendo a possibilidade de uma situação semelhante). Não se pode aqui falar de aprendizagem, mas de *seleção de associação*. Como resultado, eles não avançam e nem aprendem pela experiência; não conhecem ainda o progresso, falta o pensamento abstrato.

Durante mais de dois milhões de anos não temos vestígios de progresso técnico no *Homo erectus*. Inovações tecnológicas só começam a aparecer com os neandertais – há 400 mil anos –, e, de forma mais versátil, com cro-magnons, há menos de 150 mil anos. Esses novos humanos começaram a usar peculiarmente a imaginação para modelar situações, formulando hipóteses para encontrar soluções e revisá-las mediante feedback e feedforward. Temos aqui um salto considerável que separa o humano dos demais animais. Algumas associações não são automáticas, mas estabelecidas como hipóteses e testadas para decisões futuras. Os humanos criam associações imaginando as combinações possíveis segundo experiências e encontram respostas, se elas existirem no seu repertório; e se isso não existe, ainda é possível improvisar por aproximação – temos aqui uma adaptação por inteligência. Nesse processo, eventualmente descobre-se por observação e experiência repertórios até então desconhecidos. Isso é propriamente uma inteligência.

A seleção por associação está em todos os animais evoluídos, inclusive os humanos, porém a capacidade de fazer hipóteses para testar um conhecimento ou antecipar eventualidades é uma propriedade da inteligência e seu simulador, a imaginação, que faz experimentos mentais para estabelecer premissas. Isso diferencia o humano definitivamente de todas as espécies existentes.

Continuando com nosso exemplo, considere agora um segundo grupo de indivíduos em que falta a associação $W \equiv \{Q, Z\}$ em seu repertório, e por tal não tem repertório para a operação $Z \to S$. O grupo do exemplo anterior pode comunicar a eles essa fórmula (*aprendizagem por descrição*) e assim nasce uma cultura. Primatas não humanos podem comunicar primitivamente uma ação, mas somente por imitação, faltando qualquer nível de elaboração ou modelagem mental, nenhum progresso é possível. Somente os humanos são capazes de, a partir de uma experiência, transmiti-la por descrição e revisá-la mentalmente para produzir tecnologia e conhecimento. É nesse momento que a aquisição de linguagem separa definitivamente a inteligência da competência.

Estaria a inteligência relacionada a um limiar de neocórtex nos mamíferos? O cérebro de um cavalo tem 300 cm^2 de córtex, o do orangotango 500 cm^2, e o do homem 2.200 cm^2. No humano é principalmente o grande desenvolvimento do córtex pré-frontal que está correlacionado nas funções executivas, tais como planejamento, decisão, previsão. Esse desenvolvimento levou à verticalização e à maior extensão da testa dos humanos, forçando as narinas para baixo. O cérebro do homem de Neandertal, apesar de ter um volume um pouco maior que o do homem atual, tinha o polo frontal pouco desenvolvido em contraste como o polo occipital, o que talvez os tenha desfavorecido na competição com a sociedade inovadora e competitiva dos nossos ancestrais. Apesar de possuírem alguma linguagem e algum estágio de planejamento, os neandertais não puderam levar adiante um progresso que os levasse a criar sociedades, cidades e desenvolvimento planejado. No neandertal, boa parte do cérebro está concentrada no lobo occipital, implicando numa competência visuoespacial bem maior que os humanos, mas em contrapartida a função executiva não teve espaço suficiente para equiparar-se à do sapiens.

Epílogo

Como então criamos conhecimentos? Nosso território neocortical é o espaço onde nossas experiências e vivências do mundo são supostamente armazenadas, mas não há como correlacionar tal estrutura à mente ou à psique. Podemos então inferir, com base na teoria das redes neurais na seleção por associação, uma metapsique, que chamaremos de "rede de interpretação" (Figura 13). Os inputs sensoriais são processados como hipóteses sobre o mundo, e então o cérebro decide (computa) por uma saída com a ação mais efetiva. Retornamos novamente à teoria do cérebro lógico.

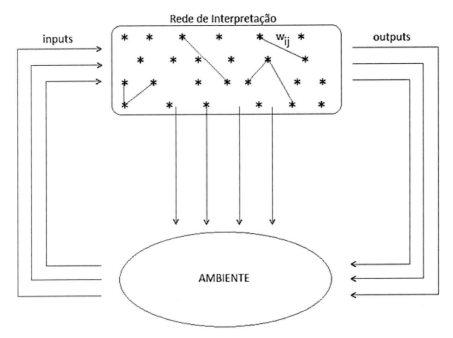

Figura 13 – Esquema conceitual de uma rede de interpretação. A rede é representada como um espaço de dados do mundo (asteriscos) em que são geradas hipóteses ou interpretações desses dados (formação de conexões entre asteriscos), selecionando aquelas mais plausíveis que definirão o comportamento do sistema. O símbolo w_{ij} representa o valor da relação entre os dados i e j, a partir da qual elabora-se uma hipótese

O conhecimento pode ser visualizado como um mapa em que existem pontos em transição de uma região para outra. Nesse mapa também encontramos vez por outra pontos cegos que limitam nosso conhecimento e *proton pseudos* que nos levam a conhecimentos equivocados. Essas indefinições também ocorrem nas inteligências artificiais mais sofisticadas. O ponto de semelhança aqui não está no objeto, mas na estrutura da rede lógica. Esse esquema, sobreposto à organização cerebral, aproxima-se do fisiológico *a priori*.

Parte III

A filosofia de McCulloch

Qualquer comportamento que possa ser logicamente definido ou descrito sem ambiguidades e em um número finito de palavras, pode ser realizado em uma rede informal de McCulloch e Pitts.
(H. Von Foerster)

A CONTRIBUIÇÃO DE McCULLOCH

"A Logical Calculus of the Ideas Immanent in Nervous Activity" (Mcculloch; Pitts, 1943) contém princípios que consolidam a epistemologia experimental de McCulloch, a via pela qual fundamentamos a ciência empírica. No seu artigo "Mysterium Iniquitatis..." (Mcculloch, 1955) ele comenta mais livremente as ideias embutidas no célebre artigo:

> Os impulsos que recebemos de nossos receptores incorporam proposições atômicas primárias. Cada impulso é um evento. Acontece apenas uma vez. Consequentemente, essas proposições são primárias no sentido de que cada uma é verdadeira ou então falsa, independentemente da verdade ou falsidade das demais. Não fosse assim, seriam redundantes ou, no limite, tão desprovidas de informações quanto as tautologias. Mas isso significa que a verdade de cada um não pode ser testada. O empirista, como o tomista, deve acreditar que Deus não lhe deu seus sentidos para enganá-lo. Além disso, o humano, como suas invenções, está sujeito à segunda lei da termodinâmica. Assim como seu corpo torna a energia indisponível, seu cérebro corrompe a revelação de seus sentidos. Sua produção de informações é apenas uma parte em um milhão de suas entradas. Ele é mais uma pia do que uma fonte de informação. Os voos criativos de sua imaginação são apenas distorções de uma fração de seus dados. (McCulloch, 1955).

Como observou Wittgenstein, não temos acesso à forma lógica das coisas, o único que podemos fazer é expressá-la como proposições. Essas proposições são, portanto, a descrição dos fatos que constituem o mundo da experiência, e assim da ciência, as proposições válidas são apenas aquelas que têm sentido neste mundo, uma lógica empírica, e a epistemologia passa a depender de nossos experimentos com o mundo.

A lógica empírica, portanto, descreve fatos e o encadeamento desses fatos é uma máquina, então raciocinamos como máquinas que produzem outras máquinas, que é o conhecimento.

> Nenhum processo biológico é totalmente compreendido em termos de química e física. Os fatos são desconhecidos para nós. Poucas propriedades químicas ainda são reduzidas às relações físicas dos constituintes atômicos. A matemática

é muito pesada. A própria física quer uma teoria de campo unificada e duvida do determinismo nos processos atômicos [...] Enfim, estamos aprendendo a admitir a ignorância, suspender o julgamento e renunciar à *explicatio ignoti per ignotium* – "Deus" – que se mostrou tão fútil quanto profana. Em vez disso, buscamos mecanismos, para dois propósitos. Vamos considerar um de cada vez. Assim que inventamos uma máquina que fará o que tem que ser explicado, despojamos [...] qualquer garantia de milagre. Basta mostrar que, se certas coisas físicas fossem reunidas de certa maneira, então, pela lei da física, o conjunto faria o que lhe é exigido. Assim, motores imaginários levaram Carnot à entropia e Maxwell às suas equações eletromagnéticas, em vez de milagres. Ambas as máquinas, para seus inventores, eram mais do que metáforas matemáticas [...]. No entanto, como cada um mostrou que poderia haver uma máquina que fizesse o truque, seria melhor vê-las – pelo menos do ponto de vista lógico – como dispositivos existenciais. (McCulloch, 1955).

Com isso perdemos o escrúpulo de rejeitar toda investigação da mente para não profanar território da alma divina. A mente, na nova visão do mundo na lógica empírica, passou a ser objeto da investigação experimental.

[...] [passamos a exorcizar os] fantasmas do corpo, que voltaram para a cabeça, como morcegos para o campanário [...] meu mentor, Pike, passou a vida substituindo-os por motores simples [...] Ele olhou para a evolução do sistema nervoso, sobre sua ontogenia, sobre o aprendizado, sobre os reflexos, como variantes espontâneas que sobrevivem na competição para aprisionar a energia disponível e, assim, garantir o a subsistência energética na degeneração entrópica... Se o caos atômico ou molecular faz uma brincadeira, devemos isso ao acaso, e não à intervenção divina. Essas noções não constituem hipóteses mecanicistas, mas nos exortam a construí-las. Chame-as de metafísicas, se quiserem – no bom sentido, que elas prescrevem maneiras de pensar fisicamente sobre assuntos chamados mentais e relegados aos múltiplos caprichos do espírito. Eu sigo Pike. E de que matéria é feita a mente? Como Russel observou, a explicação da mente tornou-se cada vez mais materialista na medida em que a física atual tornou a matéria menos material. A governança intrínseca da atividade nervosa, nossos reflexos e nossas apetências mostram que em todo caso todos esses mecanismos são governados por informação...

O CÉREBRO DO DR. McCULLOCH

> Como na pilotagem do navio simbólico da cibernética, o que deve retornar não é energia, mas informação. Assim, em um sentido ampliado, pode-se dizer que a cibernética inclui as aplicações mais oportunas da teoria quantitativa da informação e isso culmina no estudo do cérebro. (McCulloch, 1955).

Com tudo que foi dito supra, concluímos ser inevitável pensar a natureza, incluída o cérebro-mente, em termos de mecanismos lógicos, ou, melhor dizendo, máquinas lógicas.

> Pitts e eu mostramos que os cérebros eram máquinas de Turing, e que qualquer máquina de Turing poderia ser feita de neurônios. Para isso, usamos um cálculo de proposições atômicas [sentenças simples] subscritas para a época em que impulsos do tipo tudo-ou-nada as sinalizavam nos relés que constituem a rede, ou a máquina. Nos cérebros, os relés são neurônios, e o plano da rede é a anatomia de suas conexões. (McCulloch, 1955).

Além de provar vários teoremas importantes no seu trabalho seminal de 1936, Turing forneceu um argumento informal que sustentava a afirmação de que qualquer coisa que pudesse ser feita por um humano seguindo um conjunto de regras poderia ser feita pelo tipo de máquina que ele descreveu. Em 1936, um computador ainda era um ser humano usando uma máquina de calcular e seguindo um conjunto de regras; posteriormente, a invenção dos computadores digitais programáveis mudou o significado dessa palavra.

> Dizemos agora que "qualquer coisa que seja efetivamente computável por uma pessoa pode ser feita por uma máquina de Turing" (tese de Church-Turing). Turing reduziu a matemática a uma teoria algorítmica e isso fez nascer, além da ciência da computação, uma nova visão da Natureza. (McCulloch, 1955).

O MP43 trouxe a máquina de Turing para a realidade empírica como uma revelação que daria a McCulloch e Pitts o argumento que buscavam para concluir sua epistemologia do cérebro-mente. Eles criaram uma rede de neurônios formais, cujas conexões excitatórias e inibitórias poderiam realizar uma grande variedade de funções. Sempre que havia uma rede, o sinal tinha um atraso ao passar ao longo da célula neural, e assim a informação nervosa seguia etapas em intervalos de tempo discretos. O artigo é muito difícil de ler porque Pitts usou uma notação quase impenetrável da Linguagem II de Carnap. Basicamente, McCulloch e Pitts provaram que qualquer máquina de Turing poderia ser substituída por uma rede de neurônios formalizados. Pode-se dizer que Turing forneceu a "psicologia do computável", enquanto McCulloch e Pitts forneceram a "fisiologia do computável".

Esse trabalho, junto aos de Turing e outros que formalizaram a "computabilidade efetiva", convergiram na construção do novo campo da "teoria dos autômatos" que germinou nas IA (Shannon; Mccarthy, 1956). Uma propriedade importante das redes lógicas de McCulloch e Pitts que chamou a atenção dos cientistas da computação e estimulou a pesquisa da IA foi a de que "qualquer ato que possa ser descrito em um número limitado de palavras tem uma rede lógica equivalente".

A máquina lógica deu sustentação epistêmica para a teoria neural de McCulloch e Pitts, pois eliminava toda especulação mística e dava sentido à massa de dados experimentais que se dispersavam na falta de uma teoria unificadora.

> Talvez neste "melhor de todos os mundos possíveis" os neurofisiologistas, como os físicos, sejam obrigados a dar as cartas "num pano falso, com um taco retorcido e bolas de bilhar elípticas" [...] Assim, parece que estamos tateando nosso caminho em direção a um monismo indiferente. Tudo o que aprendemos sobre os organismos nos leva a concluir não apenas que eles são análogos às máquinas, mas que são máquinas. Máquinas feitas pelo homem não são cérebros, mas cérebros são uma variedade muito mal compreendida de máquinas de computação. A cibernética ajudou a derrubar o muro entre o grande mundo da física e o gueto da mente. (McCulloch, 1955).

A meta do trabalho era elucidar o mecanismo das redes circulares ou regenerativas e chegar a uma teoria consistente da memória. Entretanto, a impenetrabilidade da linguagem II de Carnap e o confuso tratamento simbólico de alguns argumentos deixaram o trabalho em aberto (Sarkar, 1992). Essa preocupação era crítica para McCulloch, e ele se ocupou disso ao longo de sua carreira acadêmica. No trabalho em que ele faz um histórico de sua carreira científica ele escreve:

> [...] graças à matemática do modulo de Pitts, ao examinar circuitos compostos por caminhos fechados de neurônios em que os sinais poderiam reverberar, montamos uma

teoria da memória que pode ser reativada apenas por um traço. Ora, uma memória é um invariante temporal (isto é, permanece sempre a mesma). Dado um evento em um momento, e sua regeneração em momentos posteriores, sabe-se que houve um evento de um dado tipo. O lógico diz: "Existe algum x tal que x é um ψ". Nos símbolos do "Principia Mathematica", $(\exists x)(\psi x)$, ou, se quiser, $(x)(\psi x)$. Diante disso e da negação, para a qual a inibição basta, podemos escrever $\sim(\exists x)(\sim\psi x)$. Assim, o cálculo de predicados provou ser uma estrutura lógica suficiente para toda a matemática. Nosso próximo trabalho conjunto mostrou que os ψ não se restringiam [somente] a invariantes temporais, mas, também a reflexos e outros processos, e pode ser estendido a qualquer universal e seu reconhecimento por redes de neurônios. Isso foi publicado no "How We Know Universals" (Pitts e McCulloch, 1947). Nossa ideia é basicamente simples e completamente geral, porque qualquer objeto, ou universal, é um invariante sob alguns grupos de transformações e, consequentemente, a rede precisa apenas computar um número suficiente de médias (McCulloch, 1961).

O uso do operador existencial no "A Logical Calculus..." foi uma inovação que permitiu a descrição da presença de loops embora indefinidos:

> [...] Cada vez que eles circulam, eles literalmente sabem ou reconhecem novamente o que foi dado... em sua entrada. Isso é uma espécie de memória... Esse circuito sabe que tal e tal aconteceu em algum momento anterior, mas não em que momento. Isso introduz o operador existencial para o tempo – ou seja, houve algum tempo tal que naquela época isso aconteceu. Perceba que o tempo é passado (McCulloch, 1961).

Em outra parte ele fala:

> Operações existenciais podem ser introduzidas em nosso cálculo inserindo na rede qualquer circuito que assegure invariantes sob grupos de transformações. Memórias, ideias gerais e até mesmo a consciência espinosista, a ideia de ideias, podem assim ser geradas em robôs. Esses robôs, mesmo os simples que têm apenas meia dúzia de relés, podem, sem inconsistência, mostrar essa circularidade de preferência, ou de escolha, chamada de "anomalia de valor" que – contra Platão – impede uma medida comum do "bem" (McCulloch, 1955. Note que aqui há uma referência ao conceito de heterarquia).

A presença de redes circulares (um problema que Turing ignorou) foi central na elaboração da teoria das redes neurais no "A Logical Calculus...". Essas redes levam a indefinições quanto à origem de um estímulo aferente, e McCulloch viu nisso uma contribuição importante para a teoria do conhecimento, que tornou-se uma marca da sua epistemologia experimental.

Os impulsos ou eventos que recebemos de nossos receptores incorporam proposições primárias, e cada uma é verdadeira ou falsa, mas a verdade de cada uma não pode ser testada. Mas somos obrigados a acreditar em nossos sentidos, pois se não o fizermos, o mundo perde todo o sentido para nós. Nossos cérebros corrompem a revelação dos sentidos; a produção de informações é apenas uma parte de todas as entradas sensoriais. Não somos uma fonte de onde jorram informações, mas uma pia onde elas flutuam desordenadamente; os dados recebidos são distorcidos e isso nos leva à imaginação criativa. Somos criadores de mitos; tudo que falamos é mitologia.

McCulloch refletindo em sua biblioteca

INDETERMINAÇÃO E CONHECIMENTO

McCulloch e De Barenne mostraram que grande parte do córtex é anatomicamente organizado em circuitos reverberativos (McCulloch; De Barenne, 1940). O córtex é rico em alças regenerativas que recebe afluentes de alças subcorticais que cooperam na regulação córtico-subcortical. Forma-se uma teia de regulação que sustenta toda a atividade nervosa e disso também emergem funções tais como a memória. O sinal circula por um tempo indefinido nessas alças, no entanto a circularidade desses loops retém a forma do que aconteceu, embora perca a pista de quando e onde o fato aconteceu, já que uma alça em contínua circulação não mantém o registro do aferente do qual partiu o estímulo inicial. Como pontuou Rachevsky, "não é possível ter referência de eventos indefinidamente distantes no passado para a especificação das condições do modelo".

Embora uma rede circular seja determinada pelo seu estado presente e pela sua entrada de uma forma estritamente determinística, é absolutamente impossível reconstituir o estado passado a partir do presente. Nas redes fechadas isso se deve aos loops; nas redes abertas deve-se à presença de conectivos "ou", que rede leva à indeterminação na sua história.

McCulloch e Pitts interpretaram os estados cognitivos como os estados de algum subconjunto de eferentes não periféricos de uma rede. Seja $N3$ um eferente não periférico desencadeado por uma disjunção do aferente periférico $N1$ ou o aferente periférico $N2$, isto é, $N3(t) \equiv N1(t-1)$ $vN2(t-1)$. De acordo com McCulloch, o dono dessa rede só pode saber que algo aconteceu ou em um ponto correspondente a $N1$ na periferia sensorial ou em um ponto correspondente a $N2$ também na periferia sensorial, mas não o ponto específico em que um evento aconteceu. Para McCulloch e Pitts, esse exemplo muito simples implica que nosso conhecimento do mundo físico externo deve ser incompleto quanto à localização espacial dos eventos no mundo. Em seguida, deixe $N3$ estar em um loop regenerativo com $N2$, de modo que a atividade em $N2$ seja suficiente para estimular a atividade em $N3$ e vice-versa. Seja $N1$ um aferente periférico suficiente para iniciar a atividade regenerativa em $N2$ e $N3$, isto é, $N3(t) \equiv N1(t-1).(\exists x)N2(x)$. De acordo com McCulloch e Pitts, o proprietário dessa rede pode saber que $N1$ foi acionado em algum momento, mas não quando. Isso implica que nosso conhecimento do mundo externo deve ser incompleto quanto ao tempo dos eventos mundanos (este argumento, aliás, é utilizado por McCulloch para negar a causalidade do trauma na reminiscência psicanalítica ou na psiquiátrica). O que eles observaram foi o que poderíamos chamar de "ambiguidade dos estados cognitivos": dada alguma atividade do estado central, não se pode inferir a atividade periférica que a causou. Eles concluíram que essas ambiguidades espaciais e temporais são a contrapartida da abstração, a pedra angular do conhecimento.

> A especificação da rede nervosa fornece a lei da conexão necessária pela qual se pode calcular a partir da descrição de qualquer estado do estado seguinte, mas a inclusão de relações disjuntivas [conectivos "ou"] impede a determinação completa da anterior. Além disso, a atividade regenerativa dos círculos constituintes torna indefinida a referência quanto ao tempo passado..., nosso conhecimento do mundo, incluindo nós mesmos, é incompleto... (McCulloch; Pitts, 1943).

A observação de McCulloch e Pitts, de que a estrutura das redes neurais de uma criatura terá algum impacto sobre o que ela pode saber, está relacionada à noção do fisiológico *a priori*. Por exemplo, Rudolf Magnus observou que a retina pode ser estimulada por pressão ou pela luz, mas como ela está encarcerada em uma cavidade óssea, nossa consciência sensorial adaptou-se à percepção da presença de luz, em vez de pressão. Ele também acredita que semelhante fato acontece para a audição e o tato (Magnus, 2002). Para McCulloch e Pitts, é a estrutura do cérebro (com suas restrições) que molda o que é cognoscível.

O problema da ambiguidade cognitiva não é um problema da condição humana; o conhecimento humano não está limitado no espaço e no tempo, mas a questão da ambiguidade cognitiva pode ser útil para a psicologia e psiquiatria. A lógica neural de McCulloch é suficiente para qualquer teoria psicológica e psiquiátrica, bem como a existência de redes disjuntivas e regenerativas para determinar as causas das condições psicológicas e psiquiátricas. McCulloch defende que a história de uma doença mental não é necessária para o diagnóstico dos transtornos psiquiátricos, o que o leva a opor-se à causalidade inconsciente da psicanálise. Para ele, tanto a psicologia normal quanto a patológica podem ser tratadas dentro de um marco conceitual comum. O que importa é o conteúdo que reverbera nas redes circulares.

O ser não está aprisionado em uma estrutura metafisica, mas em uma estrutura real, anatomicamente rica em detalhes, da qual emergem casualmente funções.

Esboço de uma teoria do conhecimento

McCulloch e Pitts terminam seu artigo com o que chamaram de "consequências", em que fornecem mais contexto para a teoria. Discute-se ali a indefinição causal das redes, como vimos anteriormente. É McCulloch que escreve agora:

> A causalidade, que requer a descrição dos estados e uma lei das conexões necessárias que os relacionam, apareceu de várias formas em várias ciências, mas nunca, exceto na estatística, foi tão irrecíproca quanto nesta teoria. A especificação para qualquer tempo de estimulação aferente e da atividade de todos os neurônios constituintes, cada caso "tudo ou nada", determina o estado. A especificação da rede nervosa fornece a lei da conexão necessária pela qual se pode calcular a descrição de qualquer estado a partir do estado seguinte, mas a inclusão de relações disjuntivas impede a determinação completa do estado anterior. Além disso, a atividade regenerativa dos círculos constituintes torna a referência indefinida quanto ao tempo passado. (McCulloch; Pitts, 1943).

Explicando novamente, conexões disjuntivas – *ou... ou...* – geram incerteza quanto à origem de um sinal na rede, pois não é possível saber de onde o sinal veio depois de passar por elas.

McCulloch assume algumas conclusões epistemológicas:

> Assim, nosso conhecimento do mundo, incluindo nós mesmos, é incompleto quanto ao espaço e indefinido quanto ao tempo. Essa ignorância, implícita em todos os nossos cérebros, é a contrapartida da abstração que torna nosso conhecimento útil. O papel dos cérebros na determinação das relações epistêmicas de nossas teorias com nossas observações e destas com os fatos é muito claro, pois é evidente que toda ideia e toda sensação são realizadas pela atividade dentro dessa rede, e em nenhuma dessas atividades os aferentes reais são totalmente determinados. (McCulloch; Pitts, 1943).

Se uma rede sofre uma mudança após receber um estímulo isso cria dificuldades em inferir o estímulo original do estado atual da rede, empobrecendo o conhecimento do sujeito e levando a disfunções cognitivas:

> Não há teoria que possamos sustentar e nenhuma observação que possamos fazer que retenha tanto quanto sua antiga referência defeituosa aos fatos se a rede for alterada. Intervêm zumbidos, parestesias, alucinações, delírios, confusões e desorientações. Assim, o empirismo [isto é, a experiência] confirma que, se nossas redes são indefinidas, nossos fatos são indefinidos, e ao "real" não podemos atribuir nem mesmo uma qualidade ou "forma". (McCulloch; Pitts, 1943).

A disfunção de uma rede, por diferentes causas, gera um ruído que leva eventualmente a uma falha cognitiva ou, se isso se instala de forma habitual, a uma condição psicopatológica.

Para McCulloch e Pitts a estabilidade funcional de uma rede determina o que um sujeito pode inferir sobre o mundo externo a partir da atividade atual da rede, e se esta for alterada, o conhecimento também será afetado. Entretanto, se a estrutura da rede é estável e sua atividade passada é conhecida, é possível saber com precisão quais padrões de estimulação deram origem à atividade atual da rede. McCulloch e Pitts redirecionam a discussão para o apriorismo fisiológico, negando o tema kantiano de que a mente só pode conhecer fenômenos e não coisas em si:

"Com a determinação da rede, o objeto incognoscível do conhecimento, a 'coisa em si', deixa de ser incognoscível".

O indivíduo é então capaz de perceber que elabora suas conclusões com base em suas sensações, descartando-se ideações metafísicas. Evidentemente, como se observou anteriormente, ruídos na rede levam a disfunções, incluindo psicopatologias. Por outro lado, não é impossível que um psiquiatra possa trabalhar a cognição do seu paciente modificando a rede implicada, com ou sem a ajuda de psicofármacos.

Depois de traçar essas consequências epistemológicas, McCulloch passa a afirmar que sua teoria tem recursos para reduzir a psicologia à neurofisiologia, e argumentam que, devido ao caráter tudo-ou-nada da atividade neural, as relações mais fundamentais entre eventos psicológicos são aquelas da lógica proposicional bivalente:

> Para a psicologia, qualquer que seja sua definição, a especificação da rede contribuiria com tudo o que poderia ser alcançado nesse campo – mesmo que a análise fosse levada

às últimas unidades psíquicas ("psicons"), pois um psicon não pode ser nada menos que a atividade de uma única conexão neural. Uma vez que essa atividade é inerentemente proposicional, todos os eventos psíquicos têm um caráter propositivo ou "semiótico". A lei "tudo-ou-nada" dessas atividades e a conformidade de suas relações com as da lógica garantem que as relações dos psicons sejam as da lógica proposicional bivalente. Assim, na psicologia, introspectiva, behaviorista ou fisiológica, as relações fundamentais são as da lógica de dois valores. (McCulloch; Pitts, 1943).

O longo parágrafo final resume as "consequências" e reafirma que os fenômenos mentais são derivados da neurofisiologia:

[...] Da irreciprocidade da causalidade segue-se que, mesmo que a rede seja conhecida, embora possamos prever o futuro a partir das atividades presentes, não podemos deduzir nem as aferencias das atividades centrais, nem a origem dos eferentes, nem o passado das atividades presentes – conclusões que são reforçadas pelos depoimentos contraditórios de testemunhas oculares, pela dificuldade de diagnosticar diferencialmente a doença orgânica do histerismo e do fingidor, e da comparação das memórias ou recordações pessoais com os [sic] registros reais contemporâneos. Além disso, os sistemas que respondem à diferença entre os aferentes de uma rede regenerativa e a atividade dentro dessa rede, de modo a reduzir essa diferença, exibem um comportamento propositivo; e sabe-se que os organismos possuem muitos desses sistemas, preservando a homeostase, a apetência e a atenção. Assim, tanto os aspectos formais quanto os finais dessa atividade que queremos chamar de "mental" são rigorosamente dedutíveis da neurofisiologia atual. (McCulloch; Pitts, 1943).

McCulloch continua:

O psiquiatra pode se consolar com a conclusão óbvia a respeito [da irreciprocidade] da causalidade – que, para o prognóstico, a história não é necessária. Ele pode tirar pouco da conclusão igualmente válida de que seus observáveis são explicáveis apenas em termos de atividades nervosas que, até recentemente, estiveram além de seu alcance. O cerne dessa ignorância é que a inferência de qualquer amostra de comportamento aberto para redes nervosas não é única, enquanto, de redes imagináveis, apenas uma existe de fato e pode, a qualquer momento, exibir alguma atividade imprevisível. Certamente, para o psiquiatra, é mais importante que em tais sistemas a "mente" não "se torne mais fantasmagórica do que um fantasma" na neurofisiologia. [McCulloch responde diretamente à afirmação de Sherrington de que "a mente é mais fantasmagórica do que um fantasma" (McCulloch; Pitts, 1943).

O texto (que é mais um ensaio) termina com um apelo à neurologia e à biofísica matemática:

> Para a neurologia [...] a diferença entre redes equivalentes e redes biológicas no sentido estrito indica o uso apropriado e a importância dos estudos temporais da atividade nervosa; e para a biofísica matemática a teoria contribui com uma ferramenta para tratamento simbólico rigoroso de redes conhecidas e um método fácil de construir redes hipotéticas de propriedades necessárias. (McCulloch; Pitts, 1943).

Este último ponto – o método de construção de "redes hipotéticas de propriedades exigidas" – destaca um dos legados mais frutíferos do artigo.

Consequências

O MP43 apresenta uma técnica matemática para projetar redes neurais fazendo uso do cálculo lógico. Assume-se que os circuitos neuronais são dotados de conteúdo proposicional. Mais tarde com a formulação da Teoria Geral dos Autômatos por Kleene, em 1956, as redes logicas de McCulloch e Pitts passaram a ser conhecidas formalmente como uma classe universal de "autômatos finitos".

As redes de McCulloch e Pitts eram "neurais", no sentido de que os valores de ativação e desativação de suas unidades eram baseados na atividade tudo-ou-nada e na contagem de sinapses necessárias para alcançar o limiar de excitação. A teoria é eminentemente descritiva, sem preocupação com previsões ou explicações testáveis; ela fornece um modelo epistêmico para inferências sobre fatos empíricos conhecidos. Talvez por isso o modelo tenha sido ignorado pela maioria dos neurofisiologistas experimentais, distanciados de preocupações epistemológicas. Os trabalhos experimentais posteriores em que McCulloch e Pitts participam, contudo, serviram para trazer a epistemologia para o laboratório (como McCulloch chamou, "epistemologia experimental").

O CÉREBRO DO DR. McCULLOCH

A teoria encontrou muita recepção entre os cientistas da incipiente ciência da computação, como Norbert Wiener, John von Neumann e outros que, embora matemáticos e engenheiros, mantinham-se atualizados em neurofisiologia. Eles aderiram à afirmação de que a mente se reduzia ao cérebro, e viam no trabalho de McCulloch e Pitts a solução para o problema mente-corpo. Os cientistas da computação começaram a explorar as técnicas matemáticas do MP43, revisando-as e enriquecendo-as, mas a ideia de uma teoria computacional da mente não foi modificada desde então.

Epílogo

A ideia de que a tese de Turing-Church é extensível às capacidades cognitivas humanas, justifica as teorias computacionais do cérebro-mente, mas isso não decorre do trabalho de Turing, é uma consequência da teoria de McCulloch e Pitts. Não havia ainda computadores em 1943, porém depois que o "A Logical Calculus..." foi publicado ele influenciou a teoria da computação e foi usada como evidência de que o cérebro computa informação. A ideia de que o cérebro só pode fazer o que é computável é a consequência desse trabalho, uma interpretação que Von Neumann, por exemplo, defendia (Von Neumann, 1948).

Em que pese todos os avanços atuais na modelagem de neurônios e redes neurais, o legado de McCulloch e Pitts ainda está em vigor, embora os modelos atuais focalizem os aspectos eminentemente biotecnológicos. Os modelos matemáticos diferenciais retornaram com a ênfase no comportamento oscilatório da atividade cerebral. Mas apesar das dificuldades empíricas e conceituais, a teoria computacional do cérebro-mente ganhou vida própria (v. p. ex., Koch, 1999; Dayan; Abott, 2001).

McCulloch estava convicto de que o "cérebro é uma máquina lógica ainda muito pouco conhecida". Muitos o seguiram. Pylyshyn foi mais além ao considerar a consciência uma forma (desconhecida) de computação (Pylyshyn, 1984).

MYSTERIUM INIQUITATIS

[McCulloch publicou um artigo intitulado "Mysterium iniquitatis do homem pecador aspirando ao lugar de Deus" (Mcculloch, 1955), em que ele expõe seu pensamento filosófico e a ética que norteou sua conduta científica. Traduzi o artigo para que o leitor tenha um contato mais estreito com o pensamento de McCulloch e possa melhor apreciar sua obra. FPC]

D'Arcy Thompson costumava contar de seu encontro com um biólogo que havia descrito uma diatomácea quase esférica delimitada inteiramente por hexágonos.

"Euler mostrou", disse D'Arcy Thompson, "que os hexágonos sozinhos não podem incluir um volume." Ao que o inominado biólogo retrucou: "Isso prova a superioridade de Deus sobre a matemática".

A prova de Euler estava correta, e a observação [do biólogo] era imprecisa. Se ambos estivessem certos, longe de provar a superioridade de Deus em relação à lógica [da matemática], teriam apenas impugnado a sagacidade do Todo-Poderoso ao pegá-lo em uma contradição.

Nossa primeira preocupação é evitar a impropriedade de tais solecismos. A segunda é um pouco parecida [McCulloch refere-se aqui ao que chamamos em filosofia de "deus das lacunas"]. Newton, Jeans e Planck usaram "Deus" para explicar coisas que não podiam explicar. Os biólogos, ignorantes dos mecanismos subjacentes às funções, introduziram a "Natureza", a "Força Vital", a "Energia Nervosa", o "Inconsciente" ou algum outro pseudônimo de Deus [...]. Nenhum processo biológico é totalmente compreendido em termos de química e física. Há fatos ainda desconhecidos para nós. Poucas propriedades químicas são reduzidas às relações físicas dos constituintes atômicos [e a] matemática é muito pesada. A própria física quer uma teoria de campo unificada e duvida do determinismo nos processos atômicos [...]. Enfim, estamos aprendendo a admitir a ignorância, suspender o julgamento e renunciar à explicatio ignoti per ignotium – "Deus" – que se mostrou tão fútil quanto profana. Em vez disso, buscamos mecanismos para dois propósitos. Vamos considerar um de cada vez. Assim que inventamos uma máquina que faz o que pode ser explicado, despojamos o supersticioso de qualquer garantia aparente de milagre. Basta mostrar que, se certas coisas físicas fossem reunidas de certa maneira, então, pela lei da física, o conjunto faria o que lhe é exigido. Assim, motores imaginários levaram Carnot à entropia e Maxwell às suas equações eletromagnéticas, eliminando toda a possibilidade de milagres. Ambas as máquinas, para seus inventores, eram mais do que metáforas matemáticas. Os motores reais provaram que Carnot era um homólogo, enquanto o quimérico éter elástico fazia de Maxwell um análogo. No entanto, como cada um mostrou que poderia haver uma máquina que fizesse o truque, seria melhor vê-las – pelo menos do ponto de vista lógico – como dispositivos existenciais.

Por esses meios, os biólogos exorcizaram fantasmas do corpo, que voltaram para a cabeça, como morcegos para o campanário [...] Meu mentor, Pike, passou a vida substituindo-os por motores simples [...]. Ele olhou para a evolução do sistema nervoso, sobre sua ontogenia, sobre o aprendizado, sobre os reflexos, como variantes espontâneas que sobrevivem na competição para aprisionar a energia disponível e, assim, garantir o Lebensraum [subsistência] energético na degeneração entrópica da luz solar para o Wärmetod [desordem calorífica]. Se o caos atômico ou molecular faz uma brincadeira, devemos isso ao acaso, e não à intervenção divina. Essas noções não constituem hipóteses mecanicistas, mas nos exortam a construí-las. Chame-as de metafísicas, se quiserem – no bom sentido –, mas elas prescrevem maneiras de pensar fisicamente sobre assuntos chamados "mentais" relegados aos caprichos múltiplos do espírito. Eu sigo Pike. A maioria das pessoas já ouviu falar da cibernética de Norbert Wiener ou de seus seguidores. Estritamente definida, é apenas a arte do timoneiro: manter o curso do navio controlando seu leme de modo a compensar qualquer desvio desse curso. Para isso, o timoneiro deve estar informado de seus atos e ser capaz de corrigi-los – os engenheiros de comunicação chamam isso de "feedback negativo", a variação na saída do sistema regula, por informação, a variação da entrada, em sentido oposto. A governança intrínseca da atividade nervosa, nossos reflexos e nossas apetências exemplificam esse processo. Em todas elas, como na condução do navio, o que deve retornar não é energia, mas informação. Assim, em um sentido ampliado, pode-se dizer que a cibernética inclui as aplicações mais oportunas da teoria quantitativa da informação.

O circuito servomecânico [feedback] pode incluir... máquinas complicadas de cálculo. Turing mostrou que alguém com um número finito de partes [membros e órgãos] e estados [operações mentais], digitalizando, marcando e apagando símbolos de cada vez em uma fita infinita, pode calcular qualquer número [que seja] computável que a fita registra na sua parte inicial. Pitts e eu mostramos que os cérebros eram máquinas de Turing, e que qualquer máquina de Turing poderia ser feita de neurônios. Para isso, usamos um cálculo de proposições atômicas [sentenças simples] subscritas para impulsos do tipo tudo-ou-nada sinalizados nos relés que constituem a rede, ou a máquina. Nos cérebros, os relés são neurônios, e o plano da rede é a anatomia de suas conexões.

Desde a lógica aritmética de Hilbert, o cálculo de qualquer número computável equivale a deduzir conclusões a partir de um conjunto finito de premissas, ou [no nosso caso] detectar qualquer figura [a partir] de uma entrada [sensorial], ou a ter qualquer ideia geral que possa ser induzida a partir de nossas sensações. Operadores existenciais podem ser introduzidas em nosso cálculo inserindo na rede qualquer circuito que assegure invariantes sob grupos de transformações. Memórias, ideias gerais e até mesmo a consciência espinosista, a ideia de ideias, podem por esse meio serem geradas em robôs. Esses robôs, mesmo aqueles mais simples com apenas meia dúzia de relés, podem, consistentemente mostrar essa circularidade seja por preferência seja por escolha, chamada de "anomalia de valor" que – contra Platão – impede uma medida comum do "bem" [summum bonum]. [McCulloch está se referindo aqui ao seu conceito de heterarquias.]

Em outros lugares [Mcculloch, 1950], mostrei não apenas que as máquinas de computação que jogam xadrez podem aprender a jogar melhor do que seus designers, como observou Ashby, mas que elas podem aprender as regras do jogo quando estas são dadas apenas ostensivamente. Isso garante sua capacidade de gerar sua própria ética – não apenas para ser bom, como o selvagem virtuoso, mas porque elas são feitas de tal forma que não podem quebrar as regras [...], porque foram bem instruídos por seus semelhantes ou por seu criador. Ao contrário do jogo da paciência, o xadrez só pode ser apreciado por uma sociedade de humanos ou máquinas cujo desejo de jogar excede seu desejo de vencer. Isso é facilmente determinado conectando dois loops de feedback de tal forma que o primeiro domine o segundo [o desejo de jogar vem em primeiro lugar, depois o desejo de ganhar]. [...] No entanto, para que possamos projetar robôs éticos, que podem até inventar jogos mais divertidos do que o xadrez, é suficiente provar que a natureza moral do homem não precisa de nenhuma fonte sobrenatural. Darwin observou [...] que o sucesso no jogo da vida, e assim a sobrevivência, é "muitas vezes promovido pela ajuda mútua".

Daí a pergunta crucial: as máquinas podem evoluir? John von Neumann sugere que estamos familiarizados apenas com máquinas simples que só podem fazer máquinas ainda mais simples, de modo que supomos que esta é uma lei geral, enquanto, na verdade, máquinas mais complicadas podem fazer outras ainda mais complicadas. Dada uma máquina de Turing adequada, acoplada a um duplicador de fita e a uma montadora de peças de uma loja comum, ela poderia fazer outra igual a ela, colocar uma duplicata de sua própria fita e cortar sua réplica pronta para fazer outra como ela [uma máquina produzirá então duas semelhantes]. Seu número dobrará a cada geração. Variações compatíveis com essa reprodução, independentemente de suas fontes, levam à evolução; pois, embora mutações mais simples levem a erros, algumas favorecem a sobrevivência. Von Neumann, Wheeler e Quastler calcularam a complexidade necessária e descobriram que, para que as máquinas de Turing em geral sobrevivam, elas devem ser tão complexas quanto uma [célula mínima, como um micoplasma – aqui atualizo o texto original – FPC]... a civilidade desses pequenos cidadãos estabelece uma eficiência evoluída em evitar o Wärmetod [...].

Seguindo Wiener, estimamos que a complexidade de uma máquina ou de um organismo seja o número de decisões de sim ou não – que chamamos de bits de informação – necessárias para especificar sua organização. Este é o logaritmo (de base 2) da recíproca da probabilidade desse estado e, portanto, sua entropia negativa.

Mas Wiener tem precursores e seguidores em Cambridge. Charles Peirce primeiro definiu "informação", seu "terceiro tipo de quantidade", como "a soma de proposições sintéticas em que o símbolo está sujeito a predicado, antecedente ou consequente". Dos amigos de Peirce, Holmes, em seu "Mecanismo na Mente e na Moral", atribui a volição à oscilação da causalidade mecânica; e [William] James, em vários lugares, atribui os caprichos da vontade ao acaso [...].

A maioria de nós está muito familiarizada com mísseis autoguiados [...] por computadores e servomecanismos de busca de alvos para acertar suas presas. Os componentes desses circuitos são muito grosseiros e ineficientes para empacotarmos em uma cabeça o que enche o nariz de um foguete V-2. Mas, dados relés eficientes em miniatura comparáveis aos neurônios, poderíamos construir máquinas tão pequenas para processar informações tão rápido e multifacetado quanto um cérebro. A coisa mais difícil de combinar é o armazenamento de bits de informações incidentais em humanos, mas podemos colocar um limite superior nisso. Seguindo o exemplo de Craik, a aquisição de tais informações pelo homem foi medida e nunca ultrapassou 100 bits/segundo de recepção sustentada [...] Heinz von Foerster chegou a um número semelhante observando que a meia-vida média de um vestígio na memória humana é de meio dia, e o acesso a ele por apenas 10^6 canais, com um tempo de acesso de cerca de 1 milissegundo [...] Além disso, von Foerster mostrou que, se ao regenerar traços retivéssemos cerca de 5% de toda a nossa captação, a energia necessária para essa lembrança seria apenas uma fração de 1% do que flui através do cérebro [...] Ashby, em seu livro "Design for a Brain", propôs um mecanismo de adaptação que evita a falácia da simples localização de um traço e faz com que a coisa que queremos procurar em um determinado cérebro e suas múltiplas localizações dependa da sequência de seus aprendizados.

Para a pergunta teórica, "Você pode projetar uma máquina para fazer o que um cérebro pode fazer?", a resposta é esta: "Se você especificar de forma finita e inequívoca o que você acha que um cérebro faz com a informação, então podemos projetar uma máquina para fazê-lo." Pitts e eu provamos isso construtivamente. Mas você pode dizer o que você acha que os cérebros fazem?

Em 1953, no simpósio sobre consciência do Instituto para a Unidade da Ciência, Wilder Penfield usou o termo ["consciência"], como fazemos na medicina legal, para significar precisamente que seu paciente, em uma data anterior, testemunhou um fato [em que ele participou e foi comprovado por outros]. Claro que podemos fazer com que as máquinas [também] façam isso. O questionador pergunta se o paciente tinha consciência de que foi ele mesmo que fez isso. Ora, isso é o mesmo que perguntar se ele tem autoconsciência, e isto exige apenas circuitos reflexivos [...] O que se esconde por trás dessa fachada fantasmagórica é a velha "substância" aristotélica. Para Helmholtz, [a consciência é] o "locus observandi"; para Einstein, "o quadro de referência do observador" [...] Para MacKay, [é o que] produz a distinção entre as linguagens do observador e do ator. Dado que temos conhecimento objetivo dos outros e conhecimento substancial apenas de nós mesmos, isso só prova [que somos] apenas parte de tudo o que existe. Não demonstra uma mente ou alma metafísica autossuficiente, [mas apenas] a propriedade única da percepção. Por mais que se defina sentimento, percepção, consciência, conhecimento substancial – definições finitas e inequívocas – tudo isso está incluso dentro do complicado escopo dos circuitos [McCulloch refere-se ao 10º teorema do "A Logical Calculus..."]. Tudo pelo propósito existencial das máquinas! A segunda razão de ser [para a consciência] é gerar hipóteses. Um mecanismo que se ajusta a todos os nossos dados é uma das infinitas explicações possíveis para nossos achados, e tem propriedades derivadas por dedução e sujeitas ao teste de experiência. Isto pode, eventualmente, até levar a uma invenção [...] [por exemplo, a agricultura, é um subproduto casual do conhecimento da natureza]. O embaralhamento dos genes que levou a origem do vivente resistiu ao teste por mais tempo do que qualquer outra descoberta biológica igualmente significativa, e nunca ofendeu nossas sensibilidades, embora tenha deixado que o acaso ditasse materialmente nossa origem [...].

Cada hipótese prediz o resultado de inúmeros experimentos. Assim, embora nenhuma hipótese possa ser provada, ela pode, em última análise, ser refutada. Uma boa hipótese é tão específica que pode ser desmentida facilmente. Isso requer um mínimo de raciocínio lógico compatível com os dados. Às vezes eu me gabava de minha noção do mecanismo responsável por nossa forma de visão independentemente do tamanho do objeto, [até que ela] foi desmentida pelo experimento de MacKay em meu próprio laboratório [...] e nem eu nem ninguém tinha imaginado outro mecanismo específico para dar conta da visão da forma.

Talvez neste "melhor de todos os mundos possíveis" os neurofisiologistas, como os físicos, sejam obrigados a dar as cartas "num pano falso, com um taco retorcido e bolas de bilhar elípticas". Russell já observou que a explicação da mente se tornou mais materialista apenas à medida que nossa noção de matéria se tornou menos material. Assim, parece que estamos tateando nosso caminho em direção a um monismo indiferente. Tudo o que aprendemos sobre os organismos nos leva a concluir não apenas que eles são análogos às máquinas, mas que são máquinas. Máquinas feitas pelo homem não são cérebros, mas os cérebros são uma variedade muito mal compreendida de máquinas computacionais. A cibernética ajudou a derrubar o muro entre o mundo da física e o gueto da mente.

Além disso, a análise da atividade nervosa revela dois limites para nossas aspirações – nossa dupla ignorância. Os impulsos que recebemos de nossos receptores incorporam proposições atômicas primárias. Cada impulso é um evento. Acontece apenas uma vez. Consequentemente, essas proposições são primárias no sentido de que cada uma é verdadeira ou então falsa, independentemente de qualquer outra ser verdadeira ou falsa. Não fosse assim, seriam redundantes ou, no limite, tão desprovidas de informações quanto as tautologias. Mas isso significa que a verdade de cada um não pode ser testada. O empirista, como o tomista, deve acreditar que Deus não lhe deu seus sentidos para enganá-lo. Além disso, o homem, como suas invenções, está sujeito à segunda lei da termodinâmica. Assim como seu corpo torna a energia indisponível, seu cérebro corrompe a revelação de seus sentidos. Sua produção de informações é apenas uma parte em um milhão de suas entradas. Ele é mais uma pia do que uma fonte de informação. Os voos criativos de sua imaginação são apenas distorções de uma fração de seus dados.

Finalmente, como ele aprendeu com as insuficiências de suas melhores hipóteses, as verdades universais últimas estão além de seu alcance. Exigi-las é a arrogância de Adão; ignorá-las é a impotência do homem arrependido; fantasiar sobre elas é a húbris. Obviamente, ele pode saber algo sobre o passado, embora não possa mudá-lo. Ele pode afetar o futuro, mas não pode conhecê-lo, caso contrário, ele poderia vencer a segunda lei e construir máquinas para operar com informações futuras. Assim, concluímos que não devemos temer a analogia entre máquinas e organismos, seja por pretensão existencial ou por hipótese; estamos seguros para admitir que organismos, mesmo cérebros, são máquinas. Enquanto nós, como bons empiristas, lembrarmos que é um ato de fé acreditar em nossos sentidos, que corrompemos, mas não geramos informações, e que nossas hipóteses mais respeitáveis são apenas suposições abertas à refutação, podemos "ter a certeza de que Deus não nos entregou à escravidão desse mysterium iniquitatis do pecador que aspira o lugar de Deus".

O ESTATUTO DA EPISTEMOLOGIA EXPERIMENTAL

Sempre que tentamos conferir um estatuto ao cérebro, caímos inevitavelmente no mesmo problema: o "comportamento do cérebro decorre de sua organização". Mas o que essa organização pode nos explicar? Poderá a evolução progressiva do cérebro – assim como do organismo, do qual ele é parte indissociável – ser atribuída à fixação de eventos aleatórios improváveis que eventualmente levaram a uma organização funcional? Percebe-se aqui o problema dessa tese: ela é ininteligível se não houver uma clara distinção entre "função" e "anatomia" (organização). A fisiologia (entenda-se aqui qualquer "função") de um sistema biológico é sempre "explicável", mas isso não quer dizer que sua anatomia esteja dentro da mesma lógica. Se raciocinarmos retroativamente, ficará evidente que o processo que rege o funcionamento de um organismo, é o mesmo que na sua origem torna o seu funcionamento possível.

Nessa linha está o apriorismo anatômico e sua consequência fisiológica proclamada por Rudolf Magnus e De Barenne, com sua fisiologia *a priori* integrada à anatomia, que influenciaram McCulloch e o levaram à sua "epistemologia experimental".

Todo o problema biológico converge, portanto, para a sua dimensão evolutiva (histórica). Todas as propriedades estruturais e funcionais de um organismo decorrem de uma longa e acidentada história evolutiva desde que a vida se originou. Isso significa que, se o segredo do funcionamento do vivente está incorporado na sua estrutura, o segredo da estrutura está na lógica que preside sua evolução.

O que distingue a rede neural de McCulloch e Pitts é a sua base axiomática e definições que incorporam redes neurais em um cálculo lógico, daí porque a designação "redes lógicas" é a mais apropriada. Esses axiomas derivam dos conhecimentos experimentalmente demonstrados sobre as propriedades básicas do neurônio. Eles queriam demonstrar, com base na equivalência entre neurônios e a lógica proposicional, como o que vagamente chamamos de "mente" se incorpora na fisiologia do cérebro. Mas seu objetivo não era apresentar uma descrição realista das redes neurais, mas uma equivalência lógica, uma metalinguagem que McCulloch denominou de "rede lógica". A negação de qualquer "explicação factual" evitou toda crítica dos neurofisiologistas experimentais.

A definição de neurônio foi deliberadamente idealizada para as suposições "mais convenientes para o cálculo", tendo como base os resultados da ciência experimental. Desse modo, McCulloch e Pitts criaram uma "ferramenta para o tratamento simbólico rigoroso de redes conhecidas e um método simples para construir redes hipotéticas de propriedades conhecidas" (Mcculloch; Pitts, 1943).

Portanto, eles trouxeram as redes neurais para o domínio da linguagem, mostrando como gerar proposições que refletem a comunicação entre neurônios, e então construir modelos de redes a partir de um enunciado direto e preciso de uma função em um número finito de palavras. Esse postulado central do MP43 foi revolucionário, pois justificou a busca para uma inteligência mecânica ou, como mais é mais conhecida, "inteligência artificial".

O MP43 introduziu a lógica-matemática na neurofisiologia e formulou uma teoria das redes circulares. Essas últimas são o cerne da regulação da atividade nervosa, da memória, do comportamento e do pensamento, daí sua essencialidade para uma teoria do conhecimento, psicologia e psicopatologia.

A máquina de Turing foi o artefato que justificou a ideia de que uma rede neural finita processa informação em suas conexões ativas. Isso autoriza a hipótese de a mente ser imanente a essas redes, e se isso tem um fundamento, os fatos empíricos devem substanciar essa hipótese.

> Concentramos nossa atenção em mecanismos hipotéticos específicos, a fim de alcançar noções explícitas sobre eles que orientam tanto os estudos histológicos quanto os experimentos. Se equivocados, eles ainda apresentam os possíveis tipos de mecanismos hipotéticos e o caráter geral dos circuitos que reconhecem universais e fornecem métodos práticos para seu projeto (McCulloch, 1965c).

Turing, porém, afirma que aprendeu a raciocinar com máquinas com o seu mentor, Pike (McCulloch, 1955).

> [...] *inventamos uma máquina que fará o que tem que ser explicado, despojamos o supersticioso de qualquer aparente garantia de seu milagre. Basta mostrar que, se certas coisas físicas fossem reunidas de certa maneira, então, pela lei da física, o conjunto faria o que lhe é exigido. Assim, motores imaginários levaram Carnot à entropia e Maxwell às suas equações eletromagnéticas, em vez de milagres... No entanto, como cada um mostrou que*

poderia haver uma máquina que virasse o truque, seria melhor vê-los – pelo menos do ponto de vista lógico – como dispositivos existenciais (McCulloch, 1955).

Isso resume o estatuto da epistemologia experimental, e seu papel na validação de teorias científicas. No "método McCullochiano" a máquina deve *equivaler logicamente* ao objeto, é uma metalinguagem que incorpora evidências derivadas de fatos empíricos, uma visão que se aproxima da que Wittgenstein expõe no seu *"Tractatus Logico-philosophicus"*.

A máquina lógica é o artefato que permite a McCulloch ampliar as hipóteses sem ter de deter-se em descrições neurobiológicas detalhadas. Ele prefere subir a montanha e observar a paisagem abaixo, ocupa-se apenas das noções suficientes, sem se perder em observações necessárias.

As redes lógicas de McCulloch e Pitts trazem os signos inconfundíveis das ideias que viriam transformar a sociedade pós-industrial na atual sociedade da informação, comunicação e computação. A sociedade foi reformulada em computadores digitais e sistemas de informação, e nesse marco histórico as redes de McCulloch e Pitts se destacam não apenas por sua virada cognitiva e notável originalidade, mas como a nova episteme da era da informação.

McCulloch buscava trazer o Logos do cosmo metafísico para a trama neural, mas a nova tecnologia tomou seu lugar devido e proclamou-se o Demiurgo de um mundo em que, pouco a pouco, as máquinas ocupam nosso espaço de convivência, e, em breve, nossos corpos e mentes.

O CAMINHO PARA O MP43: A CONTRIBUIÇÃO DE PITTS

Antes da colaboração conjunta, McCulloch e Pitts estavam envolvidos em projetos independentes de pesquisa que envolviam circuitos neurais fechados. McCulloch e de Barenne encontraram que essas cadeias circulares de neurônios parecem ser os principais elementos na organização funcional do cérebro, não apenas para sustentação da atividade cerebral, mas também na sua regulação e como filtragem de informação (eles mostraram que o córtex e o tálamo compartilham conexões reverberantes relacionados à mesma região sensorial do cérebro). Quando McCulloch e Pitts iniciaram sua colaboração, ambos compartilhavam interesses comuns com as ideias de Rosenblueth, Wiener e Bigelow sobre "causalidade circular" (feedback) e comportamento, publicado em 1942, inaugurando o movimento cibernético.

Pitts estava no grupo de Nicolas Rashevsky, trabalhando na biofísica matemática do sistema nervoso. Não se sabe como Pitts encontrou o caminho para integrar o laboratório de Rashevsky. Pitts estudara lógica com Russel e era aluno de Carnap. Ele tinha 19 anos nessa época (1942). Ele teve uma interação substanciosa com Alston Householder, assistente de Rashevsky, participando da publicação de cinco impactantes trabalhos em um curto período. O modelo de Householder descrevia uma rede neural estacionária, o serviu de ponto de partida para todos os trabalhos posteriores. Ele usou parâmetros para cada sinapse e cada fibra nervosa. A colaboração de Pitts mostrou mais sofisticação matemática que a de Householder, tendo alcançado soluções mais amplas por meios mais simples (Pitts, 1942a, 1942b, 1943, 1952).

Como Pitts estava preocupado com a estimulação em função do tempo, ele precisava introduzir módulos matemáticos para se referir a valores de estimulação posteriores. Para se referir à estimulação $f(x)$ de uma sinapse no tempo x, ele introduziu o operador E (em que $Ef(x) = f(x+1)$) para se referir à estimulação uma unidade de tempo *após* x. Por exemplo, $E^3 f(x)$ referiu-se à estimulação da sinapse três unidades de tempo após x. Em outras palavras, Pitts introduziu uma ferramenta algébrica usando expoentes para discutir a passagem do tempo. Isso permitiu a ele escrever um conjunto de equações que poderiam ser resolvidas para as funções de estimulação (Pitts, 1943). Por fim, ele podia agora questionar o problema inverso: dada uma suposta função de estimulação, era possível se construir uma rede na qual a estimulação de uma sinapse fosse descrita por essa função. Em outras palavras, ele foi capaz de passar de uma rede para um conjunto de funções de estimulação, e vice-versa, ou seja, passar de um conjunto de funções de estimulação para uma rede. Essa equivalência entre redes e equações foi um dos postulados fundamentais do MP43.

Redes não circulares

A primeira seção do "A Logical Calculus..." traz uma revisão ainda hoje atual sobre as propriedades dos neurônios. A seção seguinte demonstra como encontrar as fórmulas para descrever redes sem loops que atendam a determinadas descrições. Para descrever redes usando fórmulas, McCulloch e Pitts supuseram que uma afirmação da forma $N_i(t)$ é verdadeira se o neurônio i disparou no tempo t. Para mostrar a passagem do tempo, Pitts redefiniu um operador S – um análogo do operador E de Pitts – de modo que a afirmação $SN_i(t)$ tem o mesmo valor verdade que $N_i(t-1)$; os tempos anteriores eram indicados por um expoente, de modo que $S^3N_i(t)$ seria verdadeiro apenas se o neurônio i disparasse três unidades de tempo *antes* de t. Dessa forma, McCulloch e Pitts mostraram que qualquer rede sem loops poderia ser descrita usando os Ni(t), o operador S e os operadores booleanos "e", "ou" e "não". Inversamente, eles mostraram que o "problema inverso" abordado no artigo de Pitts (Pitts, 1943) se aplica às redes lógicas com ou sem loops.

Redes circulares

McCulloch e Pitts definiram um "conjunto cíclico" como o menor conjunto de neurônios cuja exclusão remove todos os loops de uma rede. Por exemplo, na Figura 14 os neurônios 1 e 2 da rede circular representada formam um conjunto cíclico, em que o estado dos demais neurônios é determinado pelos estados dos neurônios no conjunto cíclico e dos "aferentes absolutos" (neurônios sem fibras de entrada). Eles definem o procedimento de análise no início da Seção III do MP43:

1. Encontrar um valor de tempo N tal que os estados dos neurônios no conjunto cíclico podem ser vistos como determinados por seus estados N unidades de tempo anteriores.

2. Definir o estado dos neurônios do conjunto cíclico e mostrar como esse estado muda a cada N unidades de tempo.
3. Associar a rede a uma instrução que descreva como os estados são alcançados em um determinado momento.

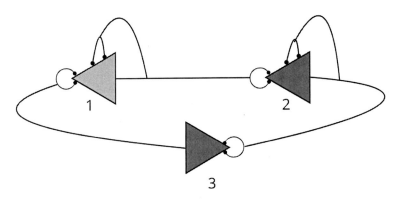

Figura 14 – Rede cíclica (v. texto)

Trata-se de um processo complicado. Considere a rede simples da Figura 14. O conjunto cíclico de neurônios é composto pelos neurônios 1 e 2. O leitor notará que, como mostrado, essa rede nunca pode disparar, uma vez que nenhuma fibra leva à rede. Por uma questão de simplicidade, ignoramos os neurônios que levam à rede, que McCulloch chama de "aferentes periféricos" ou "aferentes absolutos". Para realizar o primeiro passo da abordagem de McCulloch e Pitts, precisamos descrever quando os neurônios no conjunto cíclico vão disparar. Supondo como antes que um neurônio disparará se pelo menos uma fibra de entrada estiver ativa, podemos encontrar as seguintes instruções lógicas:

$N1(t) \equiv SN1(t) \vee S^2N2(t)$

"o neurônio 1 dispara se o neurônio 1 disparou uma unidade de tempo antes ou se neurônio 2 disparou duas unidades de tempo antes", e:

$N2(t) \equiv SN1(t) \vee SN2(t)$

"o neurônio 2 dispara se o neurônio 1 disparou uma unidade de tempo antes ou se o neurônio 2 disparou uma unidade de tempo antes".

De acordo com McCulloch e Pitts o N desejado será o mínimo múltiplo comum de todos os expoentes dos termos S. Uma vez que esse número é 2 na Figura 14, o estado de qualquer neurônio no conjunto cíclico deve ser determinado pelos estados (X_i) dos neurônios no conjunto cíclico duas unidades de tempo antes. Assim, concluímos o primeiro passo descobrindo que o valor de N é 2.

Agora tentaremos descrever os possíveis estados dos neurônios nos conjuntos cíclicos. Como existem apenas dois desses neurônios, há quatro estados possíveis para a rede, denotados por Xi(t), em que i varia de 1 a 4. Os estados são definidos da seguinte forma:

X1(t) $\equiv$ N1(t) . N2(t) (ou seja, ambos os neurônios estão disparando no tempo t)

X2(t) $\equiv$ N1(t) . ~N2(t)

X3(t) $\equiv$ ~N1(t) . N2(t)

~X4(t) $\equiv$ ~N1(t) . ~N2(t) (ou seja, nenhum neurônio está disparando no tempo t)

Crucial para essa discussão é a suposição de que estamos sempre incrementando o tempo em duas unidades. Por exemplo, a rede pode estar no estado X1 se estivesse no estado X1, X2 ou X3 duas unidades antes (já que ambos os neurônios disparação se pelo menos um neurônio disparar duas unidades de tempo antes). A rede estará no estado X4 se estivesse no estado X4 duas etapas de tempo antes (já que ambos os neurônios não dispararão se ambos os neurônios não dispararem duas unidades de tempo antes). A rede nunca estará nos estados X2 ou X3, a menos que inicie em um desses estados e, em seguida, move para o estado X1. Diante dessas informações, a afirmação X1(t) é verdadeira (em que t é par) se e somente se a rede passou por uma dessas sequências de estados:

X1(0), X1(2), ..., X1(t-2)

X2(0), X1(2), ..., X1(t-2)

X3(0), X1(2), ..., X1(t-2)

Além disso, a afirmação X4(t) é verdadeira (em que t é par) se e somente se a rede passou pela seguinte sequência de estados: X4(0), X4(2), ..., X4(t-2). Note que a explicação supra dá os estados dos neurônios no conjunto cíclico apenas para tempos divisíveis por dois. Podemos, no entanto, usar essas informações para encontrar o estado da rede por tempos não divisíveis por dois. Por exemplo, se a rede estava no estado X1 no tempo 2, ela estará no estado X4 no tempo 3 e, em seguida, no estado X1 novamente no tempo 4. Em outras palavras, uma vez que conhecemos o estado da rede para unidades pares de tempo, podemos deduzir os estados para unidades ímpares de tempo. Generalizando, uma vez que o valor de N é encontrado na primeira etapa e o estado da rede é descrito para múltiplos de N unidades de tempo, os estados para todos os tempos podem ser facilmente deduzidos (McCulloch refere-se a isso como a grande contribuição da "matemática de Pitts" (McCulloch, 1965, p. 10).

Agora podemos passar para o terceiro passo da estratégia do MP43. Anteriormente vimos como poderíamos determinar se X1(t) era verdadeiro com base em valores anteriores. De forma mais geral, McCulloch e Pitts colocaram que a afirmação $X_i(t)$ é verdadeira se e somente se existisse uma sequência de estados separados por N unidades de tempo que seguissem as regras para a rede e levassem ao estado X_i no tempo t. Essa afirmação, traduzida em lógica simbólica, seria o ápice da abordagem do trabalho. No entanto, a afirmação a ser traduzida é muito mais complicada do que a simples lógica dos operadores "e", "ou" e "não". McCulloch e Pitts precisavam expressar a quantificação existencial, discutir uma sequência como um objeto na linguagem e codificar as regras que descrevem as transições entre estados.

Crítica

O filósofo Frederic Fitch, que revisou o "A Logical Calculus..." para o *Journal of Symbolic Logic*, observou que a notação era desnecessariamente complicada, e os erros de impressão tornaram incapaz de decifrar várias partes cruciais do artigo (Fitch, 1944, p. 49). Ele se refere ao uso da Linguagem II de Carnap, que Pitts conhecia bem e dominava (Carnap, 1938), mas que não fora bem recepcionada pelos matemáticos e físicos da época por ser demasiada complicada.

Fitch também apontou que não havia uma "[...] construção rigorosa de um cálculo lógico... os autores nunca delinearam nenhum método bem definido de passar de uma rede para resultados lógicos, pois faltava um sistema de regras formais dedutivas". Ele concorda que a teoria de McCulloch e Pitts compartilha com a lógica-matemática "uma base axiomática e uma gramática para a construção de proposições, porém, as regras dedutivas não fazem muito sentido em uma análise empírica, e assim, em minha opinião, deve ser substituída por observações do comportamento da rede". De fato, as redes lógicas de McCulloch e Pitts é uma lógica-matemática aplicada, nos mesmos moldes que Rashevski definiu a biofísica-matemática.

Por fim, o ponto mais crítico foi resumido por Fitch: "o conceito de 'net computing' em uma rede com círculos, embora aludido no parágrafo, não é explicado". De fato, esse foi a dificuldade de McCulloch e Pitts, e o problema continua em aberto.

Epílogo

O ponto de partida da lógica neural de McCulloch e Pitts é que toda afirmação da forma $N_i(t)$ é verdadeira se o neurônio i dispara no tempo t. Além disso, os autores introduziram duas inovações: a indexação das fórmulas lógicas no conjunto dos números naturais, representando intervalos discretos de tempo; e o operador de Pitts, de modo que a afirmação SNi(t) tem o mesmo valor verdade que Ni(t-1), tal que $S^nNi(t)$ é verdadeiro se o neurônio i dispara n unidades de tempo *antes* de t.

Embora o trabalho tenha decepcionado os neurofisiologistas experimentais, o objetivo dos autores foi estabelecer uma epistemologia em bases experimentais para validar todos os experimentos neurofisiológicos e neuropsicológicos.

As redes lógicas de McCulloch-Pitts são modelos construídos com lápis e papel. São grafos de operações lógicas e por isso devem ser apropriadamente denominadas de "redes lógicas". Quando o número de "unidades de disparo com limiar" torna-se grande, a análise das redes torna-se complicada e trabalhosa. Como observou Von Neumann, a lógica lida com o "conceito rígido de tudo-ou-nada, e tem muito pouco contato com os conceitos de continuidade dos números reais e complexos e, desse modo, não é abordável pela análise matemática, e nos obriga a ir para o terreno muito difícil da combinatória."

Em física, muitas vezes se calcula a média de um grande conjunto de eventos discretos para obter um modelo contínuo simplificado que representa o comportamento em larga escala de um sistema. Rashevsky e Landahl mostraram que podemos formular um "neurônio estatístico" para modelar massas inteiras de neurônios, mesmo que cada neurônio individual obedeça a um modelo discreto. Landahl, junto a McCulloch e Pitts, analisou as consequências estatísticas do MP43 (Landahl; Mcculloch; Pitts, 1943). A noção de "neurônio estatístico" levou ao bem-sucedido modelo de Householder e Landahl de fenômenos psicológicos com redes neurais com um pequeno número de neurônios "estatísticos" ou "modais".

Nesse particular, eles descobriram que a "conexão de duplo-cruzamento" foi extremamente útil para modelar dados experimentais e usá-los para prever fenômenos que poderiam ser medidos e verificados (Householder; Landahl, 1945).

McCulloch e Pitts não estavam interessados em modelar um cérebro ou populações de neurônios interagindo entre si, mas apenas em mostrar que a linguagem neural é estruturada na lógica. Eles assim atingiram o propósito do trabalho: o fundamento epistemológico da atividade nervosa. Os resultados que a tecnologia de computação digital obteve posteriormente só serviam para eles como fatos para a afirmação da sua epistemologia.

Pitts, L'enfant terrible

Parte IV

Extensões

*O homem em si mesmo, na medida em que utiliza a sadia razão, é o
mais exato instrumento que pode haver...*
(Goethe)

DEMAIS CONTRIBUIÇÕES

Como conhecemos os universais: a percepção das formas visuais e auditivas

O trabalho "How We Know Universals: The Perception of Audity and Visual Forms" (Pitts; Mcculloch, 1947) é um clássico no estudo do reconhecimento de padrões de forma visuais e acordes musicais. Este artigo amplia de três maneiras as ideias do MP43 sobre a construção de redes: (i) mostra que o cérebro não é uma rede aleatória, mas estruturada e em camadas; (ii) aborda mais sutilmente a percepção; (iii) mostra como a entrada visual poderia controlar a saída motora por meio da atividade distribuída em uma rede neural em camadas sem a intervenção do controle executivo ("computação cooperativa").

A questão dos universais consiste em entender como reconhecemos um objeto entre muitos da mesma espécie em variadas perspectivas, tamanhos e proporções. Os autores refutam o conceito kantiano do sintético *a priori*, a tese de que, por exemplo, reconhecemos uma forma por que ela pertence a uma categoria universal que só existe no pensamento: "Nenhuma imagem é adequada ao conceito de um triângulo em geral; nunca atinge a universalidade do conceito que a torna válida para todos os triângulos, sejam eles retângulos, obtusos ou agudos [...] o esquema do triângulo só pode existir no pensamento" (Kant, 2015). Pitts e McCulloch mostraram, em vez disso, que o "esquema para um universal" é elaborado em circuitos neurais específicos do cérebro, em vez de ser um pensamento abstrato.

No referido trabalho, McCulloch e Pitts estabelecem duas abordagens básicas.

A primeira generaliza o fato de que podemos mover o olhar para centralizar um padrão visual. Essa mudança é apenas um exemplo de um "grupo de transformações"; a centralização do olhar faz encontrar a transformação certa em um grupo (que pode incluir rotações, ampliações e deslocamentos). Pitts e McCulloch voltaram-se para o trabalho de Julia Apter, que descobriu a existência de um mapa retinotópico de informação visual (Apter, 1946). Aplicando estricnina no colículo para induzir rajadas nos músculos oculomotores observando para onde os olhos iam, com isso ela mostrou que havia também um mapa motor retinotópico, e que os dois mapas – óptico e motor – compartilhavam o mesmo esquema. Com base nisso, Pitts e McCulloch postularam que cada ponto no colículo superior recebe estímulo de um alvo na retina que é estimulado por um ponto visual em uma determinada posição, e a atividade desse ponto do colículo causa o disparo apenas daqueles neurônios motores oculares que produzem as contrações musculares que viram o olho na direção necessária para fixar o ponto visual correspondente. Podemos, assim, considerar cada ponto da retina como tendo um voto registrado no colículo superior que é retransmitido para o músculo apropriado. O resultado é um sistema de controle que faz com que o olho só pare de se mover se estiver olhando para o centro de massa do objeto. Esse é um exemplo de como uma entrada sensorial controla a saída motora por atividade distribuída em uma rede neural em camadas sem a intervenção do controle executivo. Assim, não precisamos pensar no cérebro como uma pirâmide que leva ao pináculo do "controle executivo", que então se comunica com a mente e envia comandos para outra pirâmide em direção ao controle motor. Em vez disso, as interações são distribuídas e assim desempenham um papel importante na relação entre sensação e comportamento. Isso é "fisiologia a priori". Embora Pitts e McCulloch não tenham estabelecido o modelo definitivo do papel do colículo superior no controle das sacadas, eles introduziram conceitos importantes na neurociência cognitiva que subsidiaria a neurociência computacional.

A segunda ideia do artigo de 1947 era que um universal pode ser encontrado extraindo-se características de uma imagem e calculando a média delas sobre todos os elementos possíveis de um grupo de transformações relevantes. A média seria então uma medida invariante ("universal") que seria a mesma para qualquer dimensão ou posição do objeto. Ora, um grande grupo de transformações exigiria do cérebro um espaço muito grande, Pitts e McCulloch então tiveram a ideia de "trocar espaço por tempo" e formularam a hipótese de que o cérebro processa informação em camadas de células, fazendo uma varredura para cima e para baixo da imagem numa taxa que eles descobriram posteriormente ser a mesma do ritmo alfa (em média 10 Hertz/s). Desse modo não há necessidade de um cérebro volumoso. Ficou assim estabelecido que a percepção procede de análise por "detectores de características" de redes em camadas. A atual IA *deep learning*, baseada em várias camadas de redes, funciona em um princípio semelhante. Fazer hipóteses e refutá-las com bases em fatos empíricos é uma garantia de que estamos fazendo ciência.

(Desde que foi descoberto na década de 1940 por Grey Walter, o ritmo alfa tem sido implicado como um mecanismo de varredura constante que o cérebro executa como um processo de busca, localização e identificação de estímulos sensoriais, especialmente visuais e auditivos. Grey Walter percebeu a semelhança desse processo com a varredura do radar e de imagens em um tubos de raios catódicos das antigas televisões.)

O que o olho da rã diz ao cérebro da rã

O artigo de 1959 "What the Frog's Eye Tells the Frog's Brain" (Lettvin *et al.*, 1959) é um dos clássicos da neurofisiologia, e desenvolve as ideias contidas no "How We Know Universals" (Pitts; Mcculloch, 1947), comentado no parágrafo supra. McCulloch considerou esse trabalho um grande resultado na epistemologia experimental.

A visão é o processador mais importante para a sobrevivência animal, desde o mais simples invertebrado ao mais evoluído mamífero. A visão dos animais está profundamente imersa na totalidade de um corpo que precisa navegar e sobreviver no seu ambiente. Nas plantas, como nos animais, são os detectores de luz que contribuíram em grande parte para a evolução dos organismos, pois é o principal sentido que nos põe um organismo em relação com o meio e seus objetos. Até mesmo alguns protozoários como, por exemplo, a *Euglena viridis*, possuem um fotorreceptor na célula que permite ao microrganismo orientar-se em seu meio.

O trabalho de Lettvin, Maturana, McCulloch e Pitts esclareceu como o sistema óptico da rã (*Rana pipiens*) processa informação do ambiente. Objetos pequenos de grandeza compatível com uma presa são capturados e engolidos pela rã desde que estejam em movimento, do contrário (objeto imóvel) ela nada fará. A rã não distingue um ser vivo de um objeto inanimado, mas reage automaticamente a um objeto em movimento.

O olho é um detector de padrões perfeito. O telescópio acoplado a um satélite que orbita atualmente o planeta Marte foi construído segundo os princípios do olho de um inseto e dispara suas câmeras caso detecte movimentação na superfície desse planeta.

A ilustra o sistema óptico da rã. A retina da rã é homogênea, sem áreas de maior sensibilidade, como a humana. Seu olhar é imóvel, não acompanha um objeto que se desloca; se a rã está sobre uma folha que oscila na superfície da água, seus olhos também acompanham a oscilação, mas a imagem permanece no mesmo ponto da retina. O trabalho confirmou que:

1. A codificação de informações no cérebro se dá por atividade topograficamente organizada em camadas de neurônios.

2. O processamento é realizado de forma distribuída por um conjunto de neurônios, sem a intervenção de um controle executivo central.

3. O processo de transformação é iniciado na retina que extrai da entrada visual informações relevantes para a organização do comportamento do organismo (nesse caso, a necessidade da rã de obter comida e fugir de predadores, não importa quão claro ou escuro o mundo esteja ao seu redor).

4. A retina da rã não é somente um dispositivo de transdução, mas um eficiente analisador que interpreta a informação visual antes de transmiti-la ao cérebro.

Da retina, a informação vai para o tálamo por meio do nervo óptico. Como em todo vertebrado, a retina da rã tem três camadas de células nervosas. A camada mais externa é formada por um milhão de cones e bastonetes, sensíveis à luz; a intermediária tem três milhões de neurônios internunciais ou associativos de variados tipos, sendo mais comuns as células bipolares (que conectam as células externas às internas) e as horizontais (que interligam as células da camada intermediária); e a terceira camada é formada por 500 mil células ganglionares, cujos dendritos recebem informação da camada intermediária e seus longos axônios formam o único nervo óptico que leva a informação da retina para o tálamo óptico antes de alcançar o cérebro. Podemos agora compreender como a informação visual é processada. A luz entra nos olhos e passa para a parte de trás da retina, entrando pelo gânglio transparente cujas fibras se dirigem para células internunciais e daí para os cones e bastonetes. Quando suficientemente estimulados pela luz, os cones e bastonetes produzem potenciais de ação variáveis que elicitam impulsos nos neurônios internunciais que irão estimular as árvores dendríticas dos neurônios ganglionares no ponto cego da retina e daí segue pelo nervo óptico.

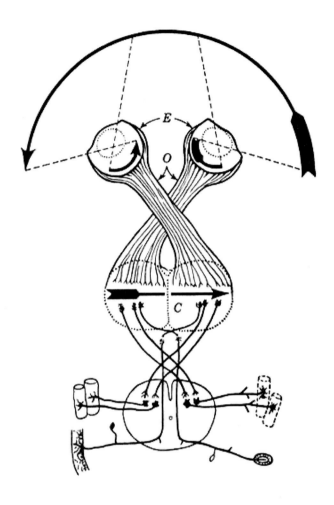

Figura 15 – Esquema de Ramon y Cajal do sistema visual da rã. Da retina, "E", os nervos ópticos "O" cruzam e atingem a primeira parte do cérebro, o colículo superior ou tectum óptico, "C". As setas dão uma ideia de como o estímulo visual é mapeado de volta ao colículo

A retina é uma porção exteriorizada do cérebro. Ela recebe estímulos luminosos projetados na sua grade bidimensional e os codificam em impulsos nervosos que serão decodificados em formas e movimentos no cérebro. O arranjo das células no tálamo ótico é semelhante ao das células ganglionares na retina, apesar do cruzamento dos feixes nervosos antes de entrar no tálamo. O grupo de McCulloch aplicou um eletrodo de platina na retina de uma rã para registrar a estimulação de células ganglionares isoladas, e em seguida apresentava objetos simples como retângulos, círculos etc. O experimento mostrou que cada célula ganglionar tem um campo correspondente de muitas células receptoras específicas (que varia de 2 a 15 graus do campo visual), que se dividem em quatro tipos:

i. detectores de bordas finas (contorno do objeto);

ii. detectores da curvatura de objetos escuros (não reagem se o ângulo for reto);

iii. detectores de movimento de uma borda;

iv. detectores de escurecimento do ambiente (enviam impulsos se a luminosidade ambiente diminui).

Essa constatação prova a existência dos "detectores de características" que Pitts e McCulloch mencionam no trabalho anterior (Pitts; Mcculloch, 1947). Cada tipo de célula ganglionar envia sinais para uma camada correspondente do núcleo geniculado lateral do tálamo, e daí para o cérebro onde esses padrões parciais são integrados na imagem percebida. Esses atributos têm importância para a rã, por exemplo, os detectores de curvatura são quase perfeitamente um detector de insetos (sua presa principal), enquanto os detectores de escurecimento indicam um predador. A rã vê seu mundo nesse referencial, e não como marcas. O trabalho também sugeriu que a retina não é um dispositivo geral, mas um processador de informação específico para cada espécie; no caso da rã, é relevante para ações específicas desse animal, como virar para pegar moscas e fugir de inimigos.

> Ao transformar a imagem de um espaço de pontos discretos simples em um espaço congruente onde cada ponto equivalente é descrito pela interseção de qualidades particulares em sua vizinhança, gera-se uma imagem em termos de distribuições de combinações dessas qualidades. Em suma, cada ponto é visto em contextos definidos... e isto é um sintético fisiológico a priori (Lettvin *et al.*, 1959).

O aspecto surpreendente dessas descobertas é que o processamento da entrada visual não é realizado na área cerebral correspondente, mas inteiramente fora dela. O olho da rã não é um sensor de imagens apenas, mas um sofisticado processador de sinais. Embora investigações subsequentes tenham modificado os detalhes dessas descobertas, o artigo continua sendo um marco, pois prefigura e ainda estimula um enorme corpo de trabalho sobre processamento de sinais sensoriais. Trabalhos subsequentes confirmaram que a análise e a classificação da entrada aferente ocorrem em todos os níveis das vias sensoriais, e os tipos de processamento são fortemente adaptativos para o animal.

A descoberta de detectores de caraterísticas entre as células ganglionares da retina pelo grupo de McCulloch (Lettvin *et al.*, 1959) não é uma particularidade biológica exclusiva. É interessante notar que redes neurais artificiais usadas para reconhecimento de padrões por treinamento de aprendizagem mostram que as camadas ocultas passam a exibir propriedades de detecção de características (Zisper, 1986). Isso ficou muito evidente quando a tecnologia das redes neurais artificiais "profundas" (múltiplas camadas) usadas para reconhecimento visual avançou bastante após 2010. Isso sugere que as propriedades de detecção de características não são predeterminadas, mas surgem como uma propriedades da rede, por efeito intrínseco de modificações sinápticas.

Os detectores de características são fixos. Uma rã já nasce com eles, portanto, ela não "aprende" a reconhecer novos "perceptos". Experimentos de regeneração mostram que seu espaço de atributos é geneticamente determinado: a rã é um autômato biológico. Embora também nasçamos com tais filtros, estes selecionam atributos mais básicos como reconhecimento de sons da fala, contornos, texturas etc. No humano prevalece algo que não está no universo das rãs: a cognição.

A visão de uma rede neural em grande escala modificando-se por meio de mecanismos intrínsecos, mas guiada pela história da entrada sensorial (e talvez também da saída motora) está essencialmente de acordo com os objetivos de McCulloch. Embora os elementos da rede biológica possam ser muito mais complexos do que os neurônios formais, e os mecanismos subjacentes mais do que funções lógicas, o surgimento do comportamento ordenado a partir de uma indefinição inicial contempla as ideias originais do MP43.

A rede neural do sistema óptico da rã extrai a Gestalt primitiva de objetos no seu campo visual, e cada subconjunto de uma categoria conceitual é reunido no conjunto perceptual, e isso tudo constitui o universo de discurso da rã. Vamos considerar, de forma supersimplificada, a retina da rã como um receptor óptico eletrônico **R** que detecta padrões e movimentos, e um classificador **C** que integra os padrões enviados por **R** numa imagem nítida codificada em frequência de impulsos. Esse código de sinais atua sobre uma população de neurônios efetores **E** que movimenta o autômato em relação ao objeto detectado. A sobrevivência do animal só é possível se um efetor **E** detectar uma dada frequência de impulsos produzida em **C**. Se o padrão de frequências (ou oscilação da rede) informa um objeto de dimensões semelhantes à de um inseto em movimento, os neurônios **E** ativam um sistema mecânico que efetua a captura da presa. Um outro efetor **F** acionará um sistema que leva o autômato a se afastar de um objeto (detectado por uma sombra). Os neurônios **E** devem comparar o input enviado por **C** com seu código de ativação e disparar se for o input esperado, e assim também **F**. O ponto crítico aqui é o receptor que deve acomodar detectores de características para definir o objeto. Esses filtros são fáceis de serem construídos com equipamento eletrônico, por exemplo, podemos construir uma tela de fotorreceptores para discriminar uma forma como um quadrado, uma curva etc. Tudo depende de como dispomos os receptores e programamos a saída. A construção de uma rã cibernética não é difícil. Ela já é em si mesma um autômato natural.

Redundância de comando potencial

Na década de 1960, McCulloch trabalhou na modelagem da formação reticular como sede da "redundância do comando potencial" (Kilmer *et al.*, 1969). Esse é outro marco do "sintético fisiológico a priori".

O modelo – chamado Retic – teve origem em dois fatos. O clássico trabalho de Magoun e outros mostraram que a estimulação do sistema reticular de ativação (SRA) pode fazer uma pessoa passar do sono para a vigília por meio de padrões apropriados de atividade no núcleo reticular do tronco cerebral (Magoun, 1963). O outro fato foi a descoberta que axônios do sistema reticular que cruzam na direção rostral-caudal do mesencéfalo conectam-se com os dendritos dos neurônios do núcleo reticular em posição ortogonal a esse eixo (Scheibel; Scheibel, 1958), semelhante a uma pilha de "fichas de pôquer", cada qual equivalente a um grupo de neurônios com dendritos sobrepostos ou adjacentes que processam informação em amostragens provenientes de uma fonte de sinal.

McCulloch e Kilmer usaram essas ideias para fundamentar o modelo formal (Retic) que contém uma matriz de módulos correspondentes às fichas de pôquer, cada uma obtendo uma amostra diferente da entrada sensorial, com alguma comunicação para cima e para baixo no neuroeixo

(Kilmer *et al.*, 1969). Para chegar ao modelo completo, contudo, foi necessária alguma incursão teórica além dos dados empíricos disponíveis.

Imaginemos que o compromisso básico do organismo seja um dos vários modos gerais de comportamento, como acordar, dormir, lutar, fugir, acasalar, buscar alimento e assim por diante. Diferentes tipos de informação sensorial estão disponíveis, portanto, qualquer pequena amostra da informação pode ter efeitos diferentes. Imagine que queremos atravessar um rio e percebemos que as águas são algo turbulentas, ficamos receosos, ir ou ficar? Como podemos solucionar informações discordantes? No modelo Retic, cada módulo ("ficha de pôquer"), com sua amostra limitada de entrada sensorial, faz um "voto" inicial provisório, estabelecendo um nível de confiança para cada modo. Os módulos se comunicam de tal forma que se houver mais votos para um modo do que para outro, então os demais vizinhos mudariam seus votos nessa direção. A simulação em computador mostra que não importa quais entradas sejam dadas ao sistema, o Retic tende a convergir para que a maioria dos módulos comprometa o organismo em uma mesma decisão, sem passar pelo filtro executivo.

McCulloch considera o SRA como um "órgão abdutivo que compromete todo o animal a um comportamento e exclui os incompatíveis". Ao encontrar a base anatômica e fisiológica para o "problema de comando e controle" na formação reticular ascendente, ele optou por um modelo computacional constituído por módulos operacionais cooperativos. Em um momento A é dominante, em outro será B ou C, sendo A, B e C subsistemas relacionados. Esse processo de cooperação sem um comando fixo principal ele chamou de "redundância de comando potencial". O comando será definido segundo a necessidade. Por exemplo, se a orientação visual está prejudicada, passamos a nos orientar pelo sistema auditivo, ou possivelmente tátil e olfativo. Se o consumo de uma droga que prejudica o funcionamento cortical, o comportamento estereotipado determinado por estruturas subcorticais garantirá a sobrevivência.

O modelo, portanto, baseia-se em um esquema de módulos interativos flexíveis que determina o comportamento geral por meio da computação cooperativa entre eles. McCulloch compara esse processo à estratégia do comando naval da Primeira Guerra Mundial: a nave que possui as informações atuais mais precisas sobre a frota inimiga assume temporariamente o comando da missão. Assim, novamente somos encorajados a pensar no cérebro como uma *heterarquia*, em que muitos módulos diferentes se comunicam entre si, de modo que coalizões temporárias dominem o comportamento geral conforme o mais apropriado.

Computação confiável por neurônios não confiáveis

Uma questões que ocupou McCulloch e John von Neumann por um tempo foi o problema da confiabilidade das operações cerebrais. Conta-se que McCulloch recebeu um telefonema de Von Neumann às 3h da manhã em que este lhe disse: "Acabei de terminar uma garrafa de licor de menta. Os limiares de todos os meus neurônios estão disparando para o inferno. Como é que ainda consigo pensar?" Von Neumann acreditava haver um alto nível de redundância no sistema nervoso, tal que se vários neurônios deixam de funcionar ou entram em pane, isso não afeta o desempenho global do cérebro. Ele então construiu unidades de computação contendo entradas e saídas redundantes para resolver o problema de preservar a eficiência de um computador, apesar de peças sempre defeituosas fazerem parte dele. A estratégia é garantir a maioria dos votos no banco de unidades de computação, de modo que, mesmo que alguns não fossem confiáveis, o conjunto geral seria confiável (Von Neumann, 1956).

McCulloch pensava diferente. Ele pergunta por que um indivíduo anestesiado não entra em coma, apesar dos limiares aumentados de suas redes; ou, se usa certas drogas estupefacientes, não entra em convulsão apesar dos limiares reduzidos. Ele observa que as saídas não se alteram globalmente com grandes alterações no volume de entradas; o indivíduo não entra em coma e nem em convulsão, as funções essenciais são preservadas. Isso mostra que alterações na entrada de sinais em uma parte do cérebro não modificam as saídas do conjunto. McCulloch propôs redes de neurônios cuja atividade não muda com alterações não muito extremas nos limiares com diagramas muito semelhantes aos do MP43, com uma modificação adicional em que a função da rede deve ser relativamente estável diante das flutuações nos limiares (Mcculloch, 1959). Com base nisso, Jack Cowan e Shamuel Winograd, do grupo de McCulloch, usaram a teoria de Shannon da comunicação confiável na presença de ruído por meio de redundância de códigos (Shannon, 1948). Eles mostraram como recodificar redes neurais para fornecer informações suficientemente redundantes para computação confiável na presença de ruído (Hamming *et al.*, 1963). O modelo, embora tenha avançado a confiabilidade dos sistemas de comunicação e computação, não foi ainda comprovado no cérebro vivo.

As conferências Macy

As famosas conferências que viriam estabelecer os fundamentos da Cibernética ficaram conhecidas como "The Macy Conferences", por serem hospedados na "The Joseph Macy Foundation" (Heims, 1991). Ao todos foram 10 palestras nos anos de 1946 a 1953, organizadas por McCulloch (presidente), junto a Norbert Wiener, Arturo Rosemblueth e John von Neumann. Incialmente elas foram chamadas de "Conferences on Circular, Causal and Feedback Mechanisms in Biological and Social Systems", mas depois, em 1949, mudadas para "Conferences on Cybernetic", após Wiener publicar seu livro no qual introduz o nome "Cibernética", a ciência do controle e comunicação. Essas importantes conferências anuais terminaram em 1953. Elas estabeleceram um novo conceito para abordar e estudar máquinas vivas e não vivas. Muito dos participantes são considerados como fundadores da Cibernética, entre eles W. Ross Ashby, Julian Bigellow, Jan Droogleever Fortuyn, W. Grey Walter, Rafael Lorente de No, Donald MacKay, Warren McCulloch (presidente das conferências), J. M. Nielsen, F. S. C. Northrop, Linus Pauling, Antoine Remond, Arturo Rosemblueth, Claude Shannon, Heinz Von Foerster, John Von Neumann, Norbert Wiener, Y. Bar-Hillel e o pioneiro da pesquisa operacional Stafford Beer, que teve orientação de McCulloch, também seu amigo.

O CÉREBRO TEM LÓGICA?

O MP43 tornou-se incrivelmente influente por várias razoes, duas delas chamou a atenção dos cientistas da computação. A primeira foi a premissa básica de que, *dada qualquer especificação de uma função em um número finito de palavras, é possível construir uma rede McCulloch-Pitts que execute a tarefa*. A outra foi a materialização da lógica em circuitos, que levou Von Neumann a aplicar a ideia de McCulloch e Pitts no design da arquitetura das máquinas de computação que emergiram da Segunda Guerra Mundial.

Outra linha de influência decorre do trabalho de Frank Rosenblatt (Rosenblatt, 1958) – construído sobre as ideias de Donald Hebb – que estabeleceu as bases do atual "conexionismo" (v., p. ex., Rumelhart; Mcclelland, 1986). Nessa abordagem, em vez de projetar explicitamente um circuito lógico para executá-lo, Rosenblatt projeta uma rede artificial que passa agora a ajustar-se a uma tarefa modificando suas conexões por meio de uma regra de correção. Aqui, as noções de "aproximação" e "otimização" são aparentemente mais importantes do que o cálculo lógico formal, mas isso não contraria as bases formais do modelo de McCulloch e Pitts. No modelo de Rosenblatt – que se tornou básico para as redes neurais artificiais atuais – as conexões passam a ter pesos ajustáveis. Já o MP43 sugere que a interação da rede com as entradas deve levar a alguma alteração dinâmica estável na rede, mas note que seus autores não pensavam em redes artificiais, mas em princípios neurofisiológicos.

O objetivo de McCulloch e Pitts era antes de tudo eliminar o dualismo cérebro-mente. Já era aceito que a aprendizagem condicional acontecia no cérebro, graças aos experimentos de Pavlov, mas não havia argumento convincente de que o pensamento lógico emergia da dinâmica do cérebro. Dominava a corrente mentalismo e outras teorias idealistas na psicologia e psiquiatria, especialmente no Ocidente. O MP43 mostrou que neurônios processam lógica e o que chamamos de mente é uma imanência dessa lógica. A partir daí o muro que separava o espírito da matéria ruiu.

Uma das demonstrações mais contundentes da ligação da mente com as redes de neurônios cerebrais foi dada pelos experimentos do neurocirurgião Wilder Penfield, que induziu alucinações por meio da estimulação elétrica do córtex temporal durante a década de 1950 (Penfield; Perot, 1963). O objetivo dessa estimulação era localizar a origem da atividade epiléptica a fim de remover a porção do córtex responsável por ela. Ao todo ele pesquisou 40 casos em um total de 1.288 cirurgias para epilepsia focal. Estimulações elétricas suaves entre 50 e 500 microamperes foram aplicadas em 520 pacientes, dos quais 40 relataram respostas vivenciais. Um caso típico foi o de uma mulher jovem que teve sua primeira crise epiléptica aos cinco anos. Quando ela estava na faculdade, o padrão incluía alucinações visuais e auditivas em flashes de *déjà vu*. Durante a cirurgia, em que a paciente permanecia acordada, a região temporal direita foi explorada para localizar a região epiléptica, e enquanto isso a paciente relatava as vivências que surgiam durante a manipulação cirúrgica. Uma delas tinha a ver com as visitas à casa de uma prima que a paciente não fazia há dez ou quinze anos, mas costumava ir muitas vezes quando criança. Ela relata que está em um carro que parou antes de uma travessia ferroviária. Os detalhes são vívidos. Ela pode ver a luz balançando na travessia: "O trem está passando, veja a fumaça de carvão saindo do motor e fluindo em volta dele. Há uma grande fábrica de produtos químicos à direita, e sinto o odor dela."

Penfield denominou essas respostas de "vivenciais" porque a paciente sentia como se estivesse revivendo a experiência – e não apenas recordando –, apesar de estar consciente de que estava deitada na sala de cirurgia e conversando com o médico. A paciente ouvia claramente vozes familiares como se estivessem ali, mas não conseguia identificá-las, e sentia que estava em algum lugar familiar, mas também não identificava precisamente.

Após analisar todos os 40 casos pesquisados, Penfield concluiu que há um registro do fluxo da consciência no cérebro e que a estimulação de certas áreas do neocórtex – situadas no lobo temporal entre as áreas sensoriais auditiva e visual – faz com que uma experiência vivida retorne à mente de uma pessoa consciente. Estava claro que a atividade mental é sustentada por circuitos regenerativos, e a memória é um desses aspectos. O elemento revolucionário do MP43 é que ele não se originou de experimentos, mas de um método que marca uma nova era na ciência: *verificar a validade de uma teoria por meio da construção de uma máquina lógica que explique todos os fatos observados*. Em cibernética isso passou a se chamar de *teoria efetiva*.

Segundo Arbib, McCulloch não se preocupava com experimentos minuciosos; seu trabalho com De Barenne, que era muito minucioso, há muito ficara para trás (Arbib, 2000). Sua ciência era feita na sua sala no

MIT, com os pés sobre a mesa, conversando com as pessoas sobre cérebros, máquinas e matemática. Aqui está um contraste muito interessante: os neurofisiologistas tradicionais, especialmente os católicos, passavam muito tempo tentando provar que deveria haver uma mente não física que complementa o cérebro. McCulloch então fornece uma demonstração convincente de que o pensamento poderia ser expresso na atividade de uma rede de neurônios, sem a necessidade de uma mente imaterial ou uma alma hospedada na "glândula pineal", em uma "área motora suplementar" ou numa "rede quântica" de neurotúbulos.

A psiquiatria de McCulloch

Na época do MP43 McCulloch ainda chefiava o Departamento de Psiquiatria da Universidade de Illinois e o Instituto Neuropsiquiátrico de Illinois. Ela não concebia uma psiquiatria separada da neurofisiologia:

> [...] Tanto os aspectos formais quanto os finais dessa atividade que costumamos chamar de mental são rigorosamente dedutíveis da neurofisiologia atual. O psiquiatra pode se consolar com a conclusão óbvia a respeito da causalidade... que seus observáveis são explicáveis apenas em termos de atividades nervosas... a mente doente pode ser compreendida sem perda de objeto ou rigor, nos termos científicos da neurofisiologia (Mcculloch, 1949).

As redes neurais, argumentou ele no Simpósio Anglo-Americano de Psicocirurgia em 1948, continham a resposta para os problemas-chave da psicologia e da psiquiatria – memória, condicionamento, comportamento compulsivo e outras condições. Em seu artigo, "Processos fisiológicos subjacentes às psiconeuroses", ele modela em detalhes as redes neurais subjacentes à causalgia (dor em queimação que surge após uma lesão nervosa). Ele mostra que o processo se instala como um feedback positivo – que ele chama de "um 'gremlin' parasitando um circuito reflexivo" – que regenera o sinal doloroso. Ele acreditava que o mecanismo da causalgia era instrutivo, e poderia servir como um modelo fisiológico para os mecanismos gerais dos transtornos mentais, os *gremlins* do cérebro. "Essas propriedades conjuntas descrevem mais exatamente o que Lawrence Kubie chamou de "núcleo repetitivo" de toda psiconeurose. A diferença é que este último começa em outro lugar, em circuitos apetitivos [em vez do circuito reflexivo]" (Mcculloch, 1949).

McCulloch continua pontuando que o mecanismo da causalgia lança luz sobre a distinção entre processos conscientes e aqueles que foram excluídos da consciência, e explicaria em termos fisiológicos os processos de repressão e resistência. Ele era contrário ao idealismo freudiano, muito cultivado na época. Para ele a tripartição freudiana da alma – Id, Ego e Superego – era uma mera extensão da psicologia política de Platão que Freud introduzira na psicanálise (Mcculloch, 1953). Também considerava que excentricidades e desvios de "normas" são fundamentais para a livre expressão e criatividade, opondo-se novamente às teses da psicanálise. De fato, seu extremo individualismo e estilo de vida não convencional (por exemplo, ele tinha um casamento aberto e sua casa também era aberta aos amigos e alunos) não se prestava a ser julgado por psicanalistas (Heims 1991, cap. 6).

Como psiquiatra, McCulloch estendeu a teoria lógica das redes neurais para os transtornos mentais, mas evitou prosseguir nesse assunto por ser uma exceção à teoria universal da atividade nervosa que ele e Pitts construíram. O discurso dos pacientes nos permite inferir esquemas plausíveis para um melhor entendimento de sua doença, excluindo causalidade (logicamente indefinida) e encontrando as relações lógicas significativas que podem eventualmente levar a um plano de tratamento mais adequado. É muito claro para um psiquiatra que a doença mental é um processo em loop, não termina, repete-se sempre, como os pensamentos obsessivos, os delírios paranoicos, as intrusões do estresse pós-traumático e muitos outros complexos sintomáticos típicos das doenças mentais. Embora McCulloch e Pitts não tenham abordado essa questão no celebre trabalho, a teoria é suficientemente consistente para ser aplicada não somente a problemas neurológicos, psicológicos e psiquiátricos, como também a qualquer sistema cibernético não neural que se organiza, se mantém e se adapta por meio de informação.

Parte V

Para que serve um cérebro?

Mente, n. – Uma misteriosa forma de matéria secretada pelo cérebro. Sua principal atividade consiste em se esforçar para verificar a sua própria natureza, e a futilidade dessa tentativa deve-se ao fato de que ela não tem nada além de si para conhecer a si mesma.
(Ambrose Bierce, The Devil's Dictionary, 1911)

GORDON

Em 2008 um grupo da Universidade de Reading (Grã-Bretanha) criou um pequeno robô montado em uma plataforma móvel controlados por neurônios vivos removidos do cérebro de um rato recém-nascido (Marks, 2008). O robô foi capaz de se movimentar e aprendeu a evitar obstáculos. Ele foi chamado de "Gordon". Os neurônios do rato foram separados, colocados numa solução nutritiva em uma placa de Petri, onde cresceram e se multiplicaram. A placa estava conectada a sessenta eletrodos (Figura 16) que captavam os sinais elétricos dos neurônios e os comunicavam à pequena plataforma, e esta retornava um feedback para a placa. Em apenas 24 horas já havia entre 50 mil e 100 mil neurônios ativos, e em uma semana 300.000. Então surgiram impulsos elétricos espontâneos na rede (detectáveis por "explosões" de cálcio na cultura), e o robô começou a se mover estimulados pelos eletrodos da interface. De início, a plataforma movia-se aleatoriamente, porém aos poucos o atabalhoado Gordon começou a evitar obstáculos. Ele agora "passeava" livremente sobre a plataforma. Gordon tinha agora um "cérebro".

Como no caso do ser humano, o cérebro de Gordon tornava-se caótico se não era estimulado com frequência e suas conexões se atrofiavam. Se era estimulado suficientemente, as conexões se reforçavam e Gordon ficava "esperto".

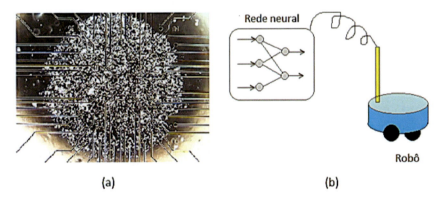

Figura 16 – Gordon. (a) Rede de neurônios ativos cultivados em placa com eletrodos no fundo; (b) o robô Gordon em esquema em que se vê o seu cérebro na placa conectado ao pequeno dispositivo eletromecânico móvel. (Robot controlled by a rat brain, disponível em: https://www.youtube.com/watch?v=63itUhH3ac8. Acesso em: 18 ago. 24)

Gordon é parte mecânico, parte vivo. Sua unidade vivente organiza-se por si mesma trocando informação com o ambiente. Os neurônios se auto-organizam em uma unidade comportamental orientando-se por informação que chega constantemente do meio em que está imerso.

Ao se conectarem aleatoriamente entre si, os elementos ativos de uma rede enviam sinais uns para os outros, não necessariamente para os imediatamente próximos, mas para quaisquer elementos da rede. Se esses elementos exibem dois estados (emitem ou não um sinal, 1 ou 0) a rede passa a se chamar de "rede booleana". Esses sinais se distribuem caoticamente e a rede não se sustenta, porém eventualmente surgem conexões que se organizam espontaneamente em operadores booleanos ("e", "ou", "xor" etc.), os psicons, e estes interagem com outros e formam uma máquina logica. Essas redes tornam-se então dinamicamente estáveis, porque tornam-se atratores para os sinais. É o que ocorre em Gordon. A aleatoriedade das conexões é restrita, em função dos estímulos prevalentes.

Vejamos um exemplo de como isso pode acontecer (Figura 17). Vamos ignorar a presença de estímulos e considerar apenas a formação de conexões espontâneas entre neurônios, uma propriedade comumente observada em placas de cultivos. Como disse Wittgenstein, "a lógica cuida de si mesma". Vamos construir tabelas binárias com dois neurônios A e B conectados a um terceiro neurônio S. Vamos dispor esse arranjo em tabelas binárias, A e B na coluna de inputs, e S na coluna de saída. Havendo somente dois sinais possíveis, temos que o disparo do conjunto de A e B gera $2^2 = 4$ combinações possíveis: 00, 01, 10 e 11. Consequentemente, temos quatro saídas possíveis ou $2^4 = 16$ grupos de sinais binários na coluna S (0000, 0001, ... , 0011, 1001,..., 1111). Em seguida, verificamos se alguma tabela exibe alguma função lógica. No caso a 2.ª, 11.ª e 15.ª tabelas exibem as funções "e", "xou" (ou exclusivo) e "ou" (ou inclusivo), portanto, essas tabelas passam a computar sinais. É desse modo que Gordon ganhou vida. Alguns neurônios que disparavam aleatoriamente formaram, por chance, unidades computacionais selecionadas por inputs do meio, reduzindo as descargas aleatórias e canalizando os sinais em conformidade com os sinais que chegam do meio.

A	B	S		A	B	S		A	B	S		A	B	S
0	0	0		0	0	0		0	0	0		0	0	0
0	1	0		0	1	0		0	1	0		0	1	1
1	0	0		1	0	0		1	0	1		1	0	0
1	1	0		1	1	1		1	1	0		1	1	0

A	B	S		A	B	S		A	B	S		A	B	S
0	0	1		0	0	0		0	0	0		0	0	1
0	1	0		0	1	0		0	1	1		0	1	0
1	0	0		1	0	1		1	0	0		1	0	0
1	1	0		1	1	1		1	1	1		1	1	1

A	B	S		A	B	S		A	B	S		A	B	S
0	0	1		0	0	1		0	0	0		0	0	1
0	1	0		0	1	1		0	1	1		0	1	1
1	0	1		1	0	0		1	0	1		1	0	1
1	1	0		1	1	0		1	1	0		1	1	0

A	B	S		A	B	S		A	B	S		A	B	S
0	0	1		0	0	1		0	0	0		0	0	1
0	1	1		0	1	0		0	1	1		0	1	1
1	0	0		1	0	1		1	0	1		1	0	1
1	1	1		1	1	1		1	1	1		1	1	1

Figura 17 – Tabelas booleanas de dois disparadores, A e B, aleatoriamente formadas, com as respectivas computações (S). As tabelas 2, 11 e 15 (em destaque) exibem o operador "e" (A e B), "xou" ("A ou B, mas não ambos") e "ou" ("A e/ou B")

Portanto, um sinal aleatório introduzido numa rede booleana nem sempre se torna caótico, e pode eventualmente dar origem a diferentes padrões funcionais entre seus elementos (Kauffmann, 1991). Esse processo é universal, isto é, é observado em qualquer sistema organizado em rede, como genes, células, neurônios, colônias, sociedades, ecossistemas. Desde que um sinal passe a circular numa rede, esta se auto-organiza e passa a computar informação que chega do meio, e o sistema se adapta e adquire existência (Pattee, 1969). É assim que as redes de McCulloch e Pitts surgem; elas são fatos; estão em toda parte.

EPÍLOGO

Durante suas meditações, um filósofo foi visitado por um anjo que lhe disse: "Deus ouviu você e me enviou para dizer-lhe que você poderá fazer uma pergunta a Ele, não mais que isso. Pense bem a respeito", e dizendo isso, desapareceu.

O filósofo pensou longamente. Um dia o anjo apareceu e cobrou-lhe o que ele queria perguntar. Emocionado, o filósofo respondeu:

"Eu gostaria que Deus me dissesse qual a melhor pergunta que eu poderia fazer a Ele e qual seria a resposta para ela".

O anjo desapareceu novamente e, após outro longo tempo, retornou e lhe disse:

"Deus respondeu que a melhor pergunta que é possível fazer é a que você poderia ter feito e a resposta é a que acabo de dar a você".

REFERÊNCIAS

Nota. As referências citadas de McCulloch estão todas também publicadas na coletânea:

MCCULLOCH, R. (ed.). **The Collected Works of Warren S. McCulloch**. Salinas, CA: Intersystems Publications, 1989.

APTER, J. R. Eye movements following strychninization of the superior colliculus of cats. Journal of Neurophysiology, v. 9, p. 73-85, 1946.

ARBIB, M. A. Schema theory. *In:* SHAPIRO S. (ed.). **The Encyclopedia of Artificial Intelligence**. New York: Wiley-Interscience, 1992. v. 43, p. 193-216.

ARBIB, M. A. Schema theory: From Kant to McCulloch and beyond. *In:* MORE-NO-DÍAZ, R.; MIRA-MIRA, J. (ed.). **Brain Processes:** Theories and Models. An International Conference in Honor of W. S. McCulloch 25 Years After His Death. Cambridge: MIT Press, 1995. p. 11-23.

ARBIB, M. S. ARBIB M. A. Warren McCulloch"s search for the logic of the nervous system. **Perspective in Biology and Medicine**, v. 43, p. 193-216, 2000.

ASHBY, W. R. The Nervous System as Physical Machine, with Special Reference to the Origin of Adaptive Behavior. **Mind**, v. 56, p. 44-59, 1947.

ASPRAY, W. **John Von Neumann and the origins of modern computing**. Cambridge, Mass.: MIT Press, 1991.

BAARS, B. J. In the theatre of consciousness: Global workspace theory, A rigorous scientific theory of consciousness. **Journal of Consciousness Studies**, v. 4, p. 292-309, 1997.

BAARS, B. J. The conscious access hypothesis: origins and recent evidence. **Trends in cognitive sciences**, v. 6, n. 1, p. 47-52, 2002.

BISIACH, E. **Language without thought**. Oxford: Clarendon Press, 1988.

BISIACH, E.; GEMINIANI, G. **Anosognosia related to hemiplegia and hemianopia**. New York: Oxford Univ. Press, 1990.

BLISS, T. V.; LOMO, T. Long-lasting potentiation of synaptic transmission in the dentate area of the anaesthetized rabbit following stimulation of the perforant path. **The journal of physiology**, v. 232, n. 2, p. 331-356, 1973.

BLUM, M. Notes on McCulloch-Pitt's: A logical calculus of the ideas immanent in nervous activity. *In:* MCCULLOCH, R. (ed.). **The Collected Works of Warren McCulloch**. Salinas, CA: Intersystems Publications, 1989. v. 2.

CAJAL, S. R. **Histologie du Système Nerveux de I"Homme et des Vertébrés**. [*S.l.: s. n.*].

CÂMARA, F. P. Redes Neurais Artificiais Como Metáfora e Modelo em Psicopatologia. **Conselho Regional de Psicologia SP**, p. 92-105, 2006.

CARNAP, R. **The logical syntax of language**. Chicago, IL, USA: Open Court Publishing, 2002.

CHUNG, J. R.; CHOE, Y. Emergence of memory-like behavior in reactive agents using external markers. *In:* **IEEE 21st International Conference on Tools with Artificial Intelligence**. [*S.l.*]: IEEE, 2009. p. 404-408.

COOKE, S. F.; BLISS, T. Plasticity in the human central nervous system. **Brain**, v. 129, p. 1659-1673, 2006.

COYLE, F.; BERNARD, J. L. Logical Thinking and Paranoid Schizophrenia. **Journal of Psychology**, v. 60, p. 283-289, 1965.

CRAVER, C. The Making of a Memory Mechanism. **Journal of the History of Biology**, v. 36, p. 153-195, 2003.

CRICK, F.; KOCH, K. A framework for consciousness. **Nature Neuroscience**, v. 6, p. 119-126, 2003.

DAYAN, P.; ABBOTT, L. F. **Theoretical Neuroscience:** Computational and Mathematical Modeling of Neural Systems. Cambridge: MIT Press, 2001.

DESCARTES, R. Principia Philosophiae, part II. *In:* De SANTILLANA G.; PITTS W. **Worksheets for a translation**. [*s. n.*]: MIT library.

DUSSER DE BARENNE, J. G. *et al*. Observations on the pH of the arterial blood, the pH and the electrical activity of the cerebral cortex. **American Journal of Physiology**, v. 124, p. 631-636, 1938d.

DUSSER DE BARENNE, J. G.; MCCULLOCH, S. Physiological delimitation of neurons in the central nervous system. **American Journal of Physiology**, v. 127, p. 620-628, 1939.

DUSSER DE BARENNE, J. G.; MCCULLOCH, W. S. Functional organization in the sensory cortex of the monkey (Macaca mulatta). **Journal of Neurophysiology**, v. 1, p. 69-85, 1938a.

DUSSER DE BARENNE, J. G.; MCCULLOCH, W. S. The direct functional inter-relation of sensory cortex and optic thalamus. **Journal of Neurophysiology**, v. 1, p. 176-186, 1938b.

DUSSER DE BARENNE, J. G.; MCCULLOCH, W. S. Sensori-motor cortex, nucleus caudatus, and thalamus opticus. **Journal of Neurophysiology**, v. 1, p. 364-377, 1938c.

DUSSER DE BARENNE, J. G.; NIMS, L. F.; MCCULLOCH, W. S. Functional activity and pH of the cerebral cortex. **Journal of Cellular and Comparative Physiology**, v. 10, p. 277-289, 1937.

DUSSER DE BARENNE, J. G.; OGAWA, T.; MCCULLOCH, W. S. Functional organization in the face-subdivision of the sensory cortex of the monkey (Macaca mulatta). **Journal of Neurophysiology**, v. 1, p. 436-441, 1938e.

FITCH, F. Review of "A Logical Calculus of McCulloch and Pitts 1943". **Journal of Symbolic Logic**, v. 9, p. 49-50, 1943.

FREUD, S. Projeto para uma psicologia científica [1895]. *In:* **Edição Standard Brasileira das Obras Psicológicas de Sigmund Freud**. Rio de Janeiro: Imago, 1996.

HAMMING, R. W.; WINOGRAD, S.; COWAN, J. D. Reliable computation in the presence of noise. **Mathematics of computation**, v. 18, n. 87, p. 531, 1964.

HEBB, D. O. **Organization of Behavior, A Neuropsycological Theory**. New York: Wiley, 1949.

HEBB, D. O. **Essays on Mind**. Londres, England: Psychology Press, 2014.

HEIMS, S. J. **Constructing a social science for postwar America:** Cybernetics group, 1946-53. Londres, England: MIT Press, 1993.

HOBBES, T. **Leviatan Thomas Hobbes**. North Charleston, SC, USA: Createspace Independent Publishing Platform, 2016.

HOUSEHOLDER, A. S.; LANDAHL, H. D. **Mathematical Biophysics of the Central Nervous System**. Principia: Bloomington, 1945.

JAMES, W. **Ensaios sobre psicologia**. São Paulo: Hogrefe, 2020.

KANT, I. **Crítica da razão pura**. Petrópolis: Vozes, 2020.

KAY, L. E. Cybernetics, Information, Life: The Emergence of Scriptural Representations of Heredity. **Configurations**, v. 5, p. 23-91, 1997.

KILMER, W. L.; MCCULLOCH, W. S.; BLUM, J. A model of the vertebrate central command system. **International journal of man-machine studies**, v. 1, n. 3, p. 279-309, 1969.

KLEENE, S. C. Representation of events in nerve nets and finite automata. *In:* SHANNON, C. E.; MCCARTHY, J. (ed.). **Automata Studies. (AM-34)**. Princeton: Princeton University Press, 1956. p. 3-42.

KLEIN, R. "D. O. Hebb: An appreciation". *In:* JUSCZYK, P. W.; KLEIN, R. M. (ed.). **The Nature of Thought**. Hillsdale: Lawrence Erlbaum Ass, 1980.

KOCH, C. **Biophysics of computation:** Information processing in single neurons. Cary, NC, USA: Oxford University Press, 1998.

KOCH, C.; SEGEV, I. The role of single neurons in information processing. **Nature neuroscience**, v. 3 Suppl, n. S11, p. 1171-1177, 2000.

KONORSKI, J. **Conditioned reflexes and neuron organization**. Cambridge: Cambridge Univ. Press, 1948.

LANDAHL, H. D.; MCCULLOCH, W. S.; PITTS, W. A statistical consequence of the logical calculus of nervous nets. **The Bulletin of Mathematical Biophysics**, v. 5, n. 4, p. 135-137, 1943.

LEIBNIZ, G. Principles of Philosophy, or, the Monadology [1714]. *In:* GARBER, D. (ed.). **Discourse on Metaphysics and Other Essays**. Indianapolis: Hackett Pub, 1991. p. 68-81.

LETTVIN, J. Y.; MATURANA, H. R.; PITTS, W. H.; MCCULLOCH, W. S. Two remarks on the visual system of the frog. *In:* McCULLOCH, R. (ed.). **Sensory Communication**. New York: MIT Press and John Wiley and Sons, 1961.

LETTVIN, J. Y.; MCCULLOCH, W. S.; PITTS, W. H. What the frog"s eye tells the frog"s brain. *In:* **Brain Physiology and Psychology**. [*S.l.*]: University of California Press, 1966. p. 95-122.

LETTVIN, J. Y. Warren and Walter. **The Collected Works of Warren McCulloch**. Salinas, CA: Intersystems Publications, 1989. v. 2.

LORENTE DE NÓ, R. Research on Labyrinth Reflexes. **Transactions of the American Otological Society**, v. 22, p. 287-303, 1932.

LORENTE DE NÓ, R. Vestibulo-ocular Reflex Arc. **Archives of Neurology and Psychiatry**, v. 30, p. 207-244, 1933.

MAGNUS, R. The physiological a priori, Lane lectures on experimental pharmacology and medicine. **Medical Sciences**, v. 2, n. 3, p. 97-103, 1930.

MAGOUN, H. W. **The waking brain**. Springfield: Charles C Thomas Publisher, 1958.

McCLELLAND, J. L.; RUMELHART, D. E. Parallel Distributed Processing: Explorations in the Microstructure of Cognition. *In:* **Psychological and Biological Models**. Cambridge: MIT Press, 1986. v. 2.

McCULLOCH, W. S. Joannes Gregorius Dusser de Barenne. **Yale Journal of Biology and Medicine**, v. 12, p. 743-746, 1940.

McCULLOCH, W. S. A heterarchy of values determined by the topology of nervous nets. **The Bulletin of mathematical biophysics**, v. 7, p. 89-93, 1945.

McCULLOCH, W. S. Through the Den of the Metaphysician. **A lecture before the Philosophical Club of the University of Virginia**, v. 3, p. 879-894, 1948.

McCULLOCH, W. S. Physiological processes underlying psychoneuroses. **Proceedings of the Royal Society of Medicine**, v. 42, n. 1, suppl, p. 71-93, 1949.

McCULLOCH, W. S. **Machines that Think and Want. Comparative Psychology Monographs**. Los Angeles: University of California Press, 1950. v. 2, p. 638-647.

McCULLOCH, W. S. Why the Mind is in the Head? *In:* LLOYED, A. (ed.). **Cerebral Mechanisms in Behavior:** The Hixon Symposium. New York: John Wiley and Sons, 1951. p. 42-81.

McCULLOCH, W. S. The Past of a Delusion. **Chicago**: Chicago Literary Club, v. 2, p. 761-791, 1953.

McCULLOCH, W. S. Mysterium Inquitatis of Sinful Man Aspiring into the Place of God. **In Scientific Monthly,** v. 80, p. 35-39, 1955.

McCULLOCH, W. S. On probabilist logic. **Quaterly Progress Repport, The MIT Press,** apr. 15, 1959.

McCULLOCH, W. S. Agatha Tyche of nervous nets: The lucky reckoners. *In:* **Mechanization of Thought Processes.** London: Stationery Office, 1959. p. 611-625.

McCULLOCH, W. S. The Beginning of Cybernetics. **APS, McCulloch Papers. BM,** v. 139, n. 2, 1960.

McCULLOCH, W. S. What is a number that a man may know it, and a man, that he may know a number? **General Semantics Bulletin, Nos,** p. 7-18, 1961.

McCULLOCH, W. S. Finality and form in nervous activity. *In:* **Embodiments of Mind:** A Collection of Papers. Cambridge, MA: The M.I.T. Press, 1965. p. 256-275.

McCULLOCH, W. S. Recollection of the many sources of Cybernetics. **ASC Forum,** v. 6, p. 5-16, 1974.

McCULLOCH, W. S.; PITTS, W. A logical calculus of the ideas immanent in nervous activity. **The Bulletin of Mathematical Biophysics,** v. 5, n. 4, p. 115-133, 1943.

MARKS, P. Raise of the rat-brained robots. **New Scientist,** 13 ago. 2008. Disponível em: https://www.newscientist.com/article/mg19926696-100-rise-of-the--rat-brained-robots/. Acesso em: 18 ago. 24.

MORENO-DÍAZ, R.; MIRA-MIRA, J. Logic and neural nets: Variation on themes by W. S. McCulloch. **In Brain Processes:** Theories and Models. An International Conference in Honor of W. S. McCulloch 25 Years After His Death. Cambridge: MIT Press, 1995.

MORENO-DÍAZ, R.; MCCULLOCH, W. S. Circularities in Nets and the Concept of Functional Matrices. *In:* PROCTOR, L. D. (ed.). **Biocibernetics of the Central Nervous System. Little and Brown,** 1969. p. 145-150.

PATTEE, H. H. How does a molecule become a message? **Biosemiotics.** Dordrecht: Springer Netherlands, 2012. p. 55-67.

PENFIELD, W.; PEROT, P. The brain"s record of auditory and visual experience – A final summary and discussion. **Brain,** v. 86, p. 595-696, 1963.

PIAGET, J. **Biologia e conhecimento.** Petrópolis: Vozes, 1996.

PITTS, W. Some observations on the simple neuron circuit. **The Bulletin of Mathematical Biophysics**, v. 4, n. 3, p. 121-129, 1942a.

PITTS, W. The linear theory of neuron networks: The static problem. **The Bulletin of Mathematical Biophysics**, v. 4, n. 4, p. 169-175, 1942b.

PITTS, W. The linear theory of neuron networks: The dynamic problem. **The Bulletin of Mathematical Biophysics**, v. 5, n. 1, p. 23-31, 1943.

PITTS, W. Investigations on synaptic transmission. **Cybernetics:** Transactions of the Ninth Conference. New York: Josiah Macy, Jr. Foundation, 1952.

PITTS, W. H.; MCCULLOCH, W. S. How we know universals: the perception of auditory and visual forms. **The Bulletin of Mathematical Biophysics**, v. 9, p. 127-147, 1947.

PYLYSHYN Z. W. **Computation and cognition:** Toward a foundation for cognitive science. Cambridge, Massachusetts: The MIT Press, 1984. 320 p.

RAMÓN Y CAJAL, S. The Croonian Lecture: La Fine Structure des Centres Nerveux. **Proceedings of the Royal Society of London**, v. 55, p. 444-468, 1894.

RAMÓN Y CAJAL, S. **Histologie du System Nerveux de L"Homme et des Vertebres, 2 vols**. Paris: A Malonie, 1911.

RASHEVSKY, N. **Mathematical Biophysics:** Physical-Mathematical Foundations of Biology. Nova Iorque: Dover, 1960. 2 v.

ROSENBLATT, F. The perceptron: a probabilistic model for information storage and organization in the brain. **Psychological review**, v. 65, n. 6, p. 386-408, 1958.

ROSENBLUETH, A.; WIENER, N. A statistical analysis of synaptic excitation. **Journal of cellular and comparative physiology**, v. 34, n. 2, p. 173-205, 1949.

ROSENBLUETH, A.; WIENER, N.; BIGELOW, J. Behavior, purpose and teleology. **Philosophy of science**, v. 10, n. 1, p. 18-24, 1943.

SARKAR, S. The Boundless Ocean of Unlimited Possibilities: Logic in Carnap's Logical Syntax of Language. **Synthese**, v. 93, p. 191-237, 1992.

SCHEIBEL, M. E.; SCHEIBEL, A. B. Structural substrates for integrative patterns in the brain stem reticular core. *In:* JASPER, H. H. (ed.). **Reticular Formation of the Brain**. Little, Brown: [*s. n.*], 1958. p. 31-68.

SCHRECKER, P. Leibniz and the art of inventing algorisms. **Journal of the history of ideas**, v. 8, n. 1, p. 107, 1947.

SHANNON, C. A mathematical theory of communication (1948). **Ideas That Created the Future**. [*S.l.*]: The MIT Press, 2021a. p. 121-134.

SHANNON, C. E. A symbolic analysis of relay and switching circuits. **Transactions of the American Institute of Electrical Engineers**, v. 57, n. 12, p. 713-723, 1938.

SHANNON, C. E. A mathematical theory of communication. **The Bell System technical journal**, v. 27, n. 4, p. 623-656, 1948.

SHANNON, C. E.; MCCARTHY, J. **Automata Studies**. Princeton: Princeton UP, 1956.

SMALHEISER, N. R. Walter Pitts. **Perspectives in biology and medicine**, v. 43, n. 2, p. 217-226, 2000.

STANFORD Encyclopedia of Philosophy. **Principia Mathematica**, 2021. Disponível em: https://plato.stanford.edu/entries/principia-mathematica/. Acesso em: 17 ago. 2024.

STANFORD Encyclopedia of Philosophy. **The Notation in Principia Mathematica**, 2022. Disponível em: https://plato.stanford.edu/entries/pm-notation/. Acesso em: 17 ago. 2024.

THOMPSON, D. **On Growth and Form**. Cambridge: MacMillan, 1945.

TONONI, G. Consciousness as integrated information: A provisional manifesto. **Biological Bulletin**, v. 215, p. 216-242, 2008.

TONONI, G.; BOLY M; MASSIMINI M.; KOCH C. Integrated information theory: from consciousness to its physical substrate. **Nature reviews. Neuroscience**, v. 17, n. 7, p. 450-461, 2016.

TURING, A. On computable numbers, with an application to the Entscheidungsproblem (1936). Proceedings of The London Mathematical Society, v. 42, s. 2, p. 230-265, 1936.

VON NEUMANN, J. First draft of a report on the EDVAC [1945]. *In:* **The Origins of Digital Computers**. Berlin, Heidelberg: Springer Berlin Heidelberg, 1982. p. 383-392.

VON NEUMANN, J. The General and Logical Theory of Automata. *In:* JEFFRESS, L. A. (ed.). **Cerebral Mechanisms in Behavior**. New York: Wiley, 1951. p. 1-41.

VON NEUMANN, J. Probabilistic logics and the synthesis of reliable organisms from unreliable components. *In:* SHANNON, C. E.; MCCARTHY, J. (ed.). **Automata Studies. (AM-34)**. Princeton: Princeton University Press, 1956. p. 43-98.

WIENER, N. **Cibernética, ou Controle e Comunicação no Animal e na Máquina** [1948, 1961]. São Paulo: Polígono, 1970.

WILLIAMS, E. B. Deductive reasoning in schizophrenia. **Journal of abnormal psychology**, v. 69, n. 1, p. 47-61, 1964.

WITTGENSTEIN, L. **Philosophical investigations**. Reino Unido, UK: Blackewll, 2001.

WITTGENSTEIN, L. **Tractatus Logico-Philosophicus**. Oxford: Oxford University Press, 2023.

WOODGER, J. H. **The Axiomatic Method in Biology**. Cambridge: Cambridge University Press, 1937.

ZISPER, D. Programming Networks to Compute Spatial Functions. **Institute for Cognitive Science, University of California, San Diego, Report**, v. 8606, 1986.